职业技术教育与培训系列教材

# 挖掘机装载机驾驶
## 培训教程

主　编　魏宏旭

U0218368

天津大学出版社
TIANJIN UNIVERSITY PRESS

**图书在版编目（CIP）数据**

挖掘机装载机驾驶培训教程／魏宏旭主编. -- 天津：
天津大学出版社，2021.4

职业技术教育与培训系列教材

ISBN 978 - 7 - 5618 - 6920 - 8

Ⅰ.①挖…　Ⅱ.①魏…　Ⅲ.①挖掘机—操作—职业教
育—教材②装载机—操作—职业教育—教材　Ⅳ.
①TU621.07②TH243.07

中国版本图书馆 CIP 数据核字（2021）第 082470 号

| | | |
|---|---|---|
| **出版发行** | 天津大学出版社 |
| **地　　址** | 天津市卫津路 92 号天津大学内（邮编：300072） |
| **电　　话** | 发行部：022 - 27403647 |
| **网　　址** | www.tjupress.com.cn |
| **印　　刷** | 北京盛通商印快线网络科技有限公司 |
| **经　　销** | 全国各地新华书店 |
| **开　　本** | 184mm×260mm |
| **印　　张** | 7.25 |
| **字　　数** | 175 千 |
| **版　　次** | 2021 年 4 月第 1 版 |
| **印　　次** | 2021 年 4 月第 1 次 |
| **定　　价** | 23.00 元 |

亚洲开发银行贷款甘肃白银城市综合发展项目
职业教育与培训子项目短期培训课程课本教材

# 丛书委员会

主　　任　王东成

副 主 任　杨军平　滕兆龙　何美玲　崔　政
　　　　　张志栋　王　瑊　张鹏程

委　　员　魏继昌　李进刚　雒润平　卜鹏旭
　　　　　孙　强　王兴礼

指导专家　高尚涛

# 本书编审人员

主　　编　魏宏旭

副 主 编　张晶海　滕佩峰　杨师帅　杨军平

党的十八大以来，中央将精准扶贫、精准脱贫作为扶贫开发的基本方略，扶贫工作的总体目标是到 2020 年，确保我国现行标准下农村贫困人口实现脱贫，贫困县全部摘帽，解决区域性整体贫困。新阶段的扶贫工作更加注重精准度，即将扶贫资源与贫困户的需求准确对接，将贫困家庭和贫困人口作为主要扶持对象，而不是仅仅停留在扶持贫困县和贫困村的层面上。为了更深入地贯彻"精准扶贫"的理念和要求，需要大力推动就业创业教育，转变农村劳动力的思想意识、激发农村劳动力脱贫的内生动力，这是扶贫治贫的根本。开展就业创业培训，提升农村劳动力的知识技能和综合素养，满足持续发展的经济形势和不断升级的产业岗位的需求，是扶贫脱贫的主要途径。

近年来，国家大力提倡在职业教育领域落实《现代职业教育体系建设规划（2014—2020 年）》（以下简称《规划》），《规划》要求"大力发展现代农业职业教育。以培养新型职业农民为重点，建立公益性农民培养培训制度。推进农民继续教育工程，创新农学结合模式"。2011 年，甘肃省启动兰州 - 白银经济圈，试图通过整合城市和工业基地推动当地经济转型。2018 年，靖远县刘川工业园区正式被国家批准为省级重点工业园区，为推进工业强县战略奠定了基础。为了确保资源枯竭型城市白银市转型成功，白银市政府实施了亚洲开发银行（以下简称亚行）贷款城市综合发展二期项目。在项目实施中，亚行和白银市政府高度重视职业教育与培训工作，并将其作为亚行二期项目的特色，以期依靠职业技能培训为刘川工业园区入驻企业和周边新兴行业培养留得住、用得上的技能型人才，为促进地方经济顺利转型提供技术和人才保证。本次系列教材的组织规划正是响应了国家关于职业教育发展方向的号召，以出版行业为载体，构建完整的就业培训课程体系。

本教材是按照《土方机械　司机培训　内容和方法》/*Earth-moving machinery—Operator training—Content and methods*（GB/T 25623—2017/ISO 7130：2013）编写的，相应的课程是针对挖掘机、装载机驾驶操作的培训设置的。本课程的目标主要是培养学员的职业岗位基本技能，并为进一步培养学员的职业岗位综合能力奠定坚实基础，使学员掌握挖掘机装载机操作方法、挖掘机装载机保养注意事项等，并能运用基本技能独立完成挖掘装车、刷坡作业、破碎作业、装载搬运作业等。培训完毕，培训对象能够独立上岗，完成简单的常规技术操作工作。在教学过程中，应以专业理论教学为基础，注意职业技能训练，使培训对象掌握必要的专业知识与操作技能，注意遵循够用适度原则。

本书中任务一由魏宏旭编写，任务二中项目一、项目二由张晶海编写，任务二中项目三由滕佩峰编写，任务二中项目四由杨师帅和杨军平编写，全书由魏宏旭统稿和定稿。

本书在编写过程中，得到了靖远县人力资源和社会保障局、靖远县职业中等专业学校和陕西琢石教育科技有限责任公司等单位领导、企业专家的大力支持和帮助，在此表示衷心的感谢。

限于编者水平，书中不足之处欢迎培训单位和培训学员在使用过程中提出宝贵意见，以臻完善。

编　者

2021 年 1 月

# 目　录　CONTENTS

**任务一**

挖掘机的操作与
维护

项目一　挖掘机挖掘装车作业的操作技巧　　　　　/ 002

项目二　挖掘机刷坡作业的操作技巧　　　　　　　/ 029

项目三　挖掘机破碎作业的操作技巧　　　　　　　/ 044

项目四　挖掘机的日常检查与维护　　　　　　　　/ 062

**任务二**

装载机的操作与
维护

项目一　装载机铲起装斗作业的操作技巧　　　　　/ 068

项目二　装载机装载和搬运作业的操作技巧　　　　/ 080

项目三　装载机找平作业的操作技巧　　　　　　　/ 090

项目四　装载机的日常检查与维护　　　　　　　　/ 098

# 挖掘机的操作与维护

挖掘机具有铲取、挖掘力大，作业稳定，安全可靠和生产率高等优点，是露天采矿工程及其他工程中主要的挖掘和装载设备。目前，世界各国都在大力发展各类挖掘机，挖掘机的最大吨位已达几百吨，而最小吨位仅为几百千克。随着挖掘机工作装置的广泛使用，挖掘机属具也趋于多样化，挖掘机的使用范围也将更加广泛。图 1-0-1 为几种常见的不同用途的挖掘机工作装置。

(a)　　　　　　　　　　　　　(b)

(c)　　　　　　　　　　　　　(d)

图 1-0-1　不同用途的挖掘机工作装置

(a) 碎石机　(b) 液压翻斗　(c) 垂挂抓斗　(d) 液压剪

随着科学技术的进步和市场经济的发展，工程机械在经济发展中的地位和作用越来越重要，挖掘机的普及率也越来越高。无论是在大型国有企业还是小型私营企业中，挖掘机已经大量取代人力劳动，由此带来的挖掘机制造业之间的竞争越显激烈，进而促进了挖掘机业以及挖掘机技术的迅猛发展。全球挖掘机正朝着专业化、人性化、环保化、模块化，以及具有优良的安全性、维修性与操作性等方向发展，如概念型挖掘机，整机装备一种集成运行记录器，该记录器承担着"黑匣子"的功能。

## 项目一　挖掘机挖掘装车作业的操作技巧

### 任务描述

在工程施工现场，当运输物料的距离较远（超过200 m）时，经常采用挖掘机与自卸车配合作业的方式，即由挖掘机为自卸车装料，自卸车将物料运送至目的地卸料，然后再返回装料点装料，如此循环，直至完成装料、运料工作任务。一般情况下，一台挖掘机可与多辆自卸车配合作业，自卸车的数量除了与挖掘机、自卸车性能有关外，还与运料距离、道路状况、驾驶员的操作技术等因素有关。

在进行挖掘装车作业前，让我们先来了解下挖掘机吧！

### 知识储备　挖掘机的组成与分类

#### 一、挖掘机的组成

1. 挖掘机的功能

挖掘机是用来开挖土壤的施工机械。它用铲斗的斗齿切削土壤并装入斗内，装满土后提升铲斗并回转到卸土地点卸土，然后再使转台回转、铲斗下降到挖掘面，进行下一次挖掘。挖掘—回转—卸载—返回为挖掘机的一个工作循环。

挖掘机是一种多用途土石方施工机械，主要进行土石方挖掘、装载，还可以进行土地平整、修坡、吊装、破碎、拆迁、开沟等作业，在公路、铁路等道路施工，桥梁建设，城市建设，机场、港口及水利施工中得到了广泛应用，所以挖掘机兼有推土机、装载机、起重机等的功能，能代替这些机械工作。

2. 挖掘机的组成

挖掘机的设计是相当人性化的，通常把挖掘机分成上、下两部分，分别称上体部分和下体部分。上体部分相当人的躯干，它有心脏——发动机、腰——回转装置、手臂——工作装置（动臂、斗杆和挖斗）。而下体部分相当于人的腿，主要负责挖掘机的行走和整机转弯。液压挖掘机的结构如图1-1-1所示。

1) 上体部分

上体部分是液压挖掘机的主体部分，是动力装置、液压传动系统，回转装置、工作装置、驾驶室和辅助设备等主要装置的安装平台，更是产生动力、传递液压力、操作工作装置产生效能的平台。上体部分有上平台、驾驶室及操纵机构，上平台上安装有发动机、液压泵、控制阀、回转装置、液压油箱、燃油箱、控制油路、电器部件、平衡重、工作装置等。

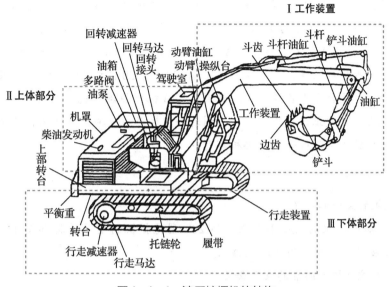

图1-1-1　液压挖掘机的结构

2）下体部分

下体部分是液压挖掘机整个机器的支承部分和行走装置，承受机器的全部重量和工作装置的反力，同时能使挖掘机短距离行驶。液压挖掘机的行走装置采用液压驱动。驱动装置主要包括行走马达、减速器和驱动轮，每条履带有各自的行走马达和减速器。由于两个行走马达可独立操作，因此液压挖掘机的左、右履带可以同步前进或后退，也可以通过一条履带制动来实现转弯，还可以通过两条履带向相反方向驱动，来实现原地转向，操作十分简单、方便、灵活。

挖掘机下体部分按结构设计的特点，分为履带式和轮胎式两种。以履带式为例，主要组成部件有中央回转接头、回转支承、X架、履带架、张紧装置、行走马达、减速器、四轮一带（支重轮、托链轮、驱动轮、导向轮、履带）。

### 二、挖掘机的分类

1. 挖掘机的类型

常见的挖掘机分类方式有以下几种。

（1）按作业过程分为单斗挖掘机（周期作业）和多斗挖掘机（连续作业）。

（2）按用途分为建筑型（通用型）挖掘机和采矿型（专用型）挖掘机。

（3）按动力分为电动型挖掘机、内燃机型挖掘机和混合型挖掘机。

（4）按传动方式分为机械型挖掘机、液压型挖掘机和混合型挖掘机。

（5）按行走装置分为履带式挖掘机、轮胎式挖掘机和汽车式挖掘机。

（6）按工作装置分为正铲挖掘机、反铲挖掘机、拉铲挖掘机、抓铲挖掘机和吊装挖掘机等。

现在世界上挖掘机生产厂家很多，销售量最大的是日本品牌，特别是 20～30 t 履带挖掘机，日本品牌占 30% 以上的市场份额，其中包括小松、日立、神钢、加藤、住友等品牌。小松 PC200-7、日立 ZX200、神钢 SK200、住友 SH200 等挖掘机的市场占有率很高。卡特是美国第一挖掘机品牌，其代表产品 CAT320D 是 20 t 挖掘机，该型挖掘机的作业效率高，挖掘力大，适合于重负荷工作。德国是工程机械强国，挖掘机主要生产商有 O&K、德马克等，以生产大型正铲挖掘机为主，利勃海尔生产的挖掘机系列比较齐全，从小型到大型，从轮胎式挖掘机到履带式挖掘机都有。

2. 挖掘机型号

1）挖掘机的大小和质量

从型号可知挖掘机的大小和质量。PC200 型挖掘机的型号图标如图 1-1-2 所示。PC200 表示小松品牌、质量 20 t 的挖掘机。

2）型号在挖掘机上通常的表示含义

型号含义如图 1-1-3 所示。如 PC60-6——质量为 6 t；SH200-3——质量为 20 t；SH35——质量为 3.5 t；EX70-5——质量为 7 t。

图 1-1-2　PC200 型号图标

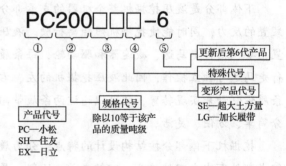

图 1-1-3　型号含义

但是，有个别国家生产的挖掘机型号不按国际标准执行，如美国的卡特公司，其产品 CAT320D（图 1-1-4）中"20"是指该机的质量为 20 t，"3"是指工程机械类，因此要注意区分。我国挖掘机的型号编制是按国际标准执行的。

3）挖掘机行业通俗的分类方法

挖掘机行业通常把 20 t 以下（不含 20 t）的挖掘机称为小型挖掘机，如卡特 1.5 t 小型挖掘机（图 1-1-5）；把 20～30 t（不含 30 t）的挖掘机称为中型挖掘机，如图 1-1-6 所示；把 30 t 以上（含 30 t）的挖掘机称为大型挖掘机，如图 1-1-7 所示。

以上挖掘机的分类方法是工程机械行业的分类方法，也是大众的通俗叫法。

图1-1-4 卡特公司的 CAT320D 型挖掘机

图1-1-5 小型挖掘机

图1-1-6 中型挖掘机

图1-1-7 大型挖掘机

 **任务实施**

了解挖掘机的组成和分类后，让我们来看看具体怎么进行挖掘装车作业吧！

## 步骤一 操作前准备

1. 挖掘机在工作前，应做的准备工作

（1）向施工人员了解施工条件和任务，内容包括填挖土的高度和深度；边坡及电线高度；地下电缆，各种管道、坑道、墓穴和各种障碍物的情况和位置。挖掘机进入现场后，司机应遵守施工现场的有关安全规则。

（2）挖掘机在多石土壤或冻土地带工作时，应先进行爆破再开始挖掘。

（3）按照日常例行保养项目，对挖掘机进行检查、保养、调整和紧固。

（4）检查燃油、机（润滑）油和冷却液是否充足，不足时应予以添加。在添加燃油时严禁吸烟及接近明火，以免引起火灾。

（5）检查电气线路绝缘和各开关触点是否良好。

（6）检查液压系统各管路及操作阀、工作油缸、油泵等是否有泄漏，动作是否异常。

（7）检查钢丝绳及固定钢丝绳的卡子是否牢固可靠。

（8）将主离合器操纵杆放在"空挡"位置上，启动发动机（若是手摇启动，要注意防止摇把反击伤人；若是手拉绳启动，要注意不可将拉绳缠在手上）。检查各仪表、传动系统、工作装置、制动机构是否正常，确认无误后，方可开始工作。

（9）发动机启动后，严禁有人站在铲斗内、臂杆上、履带和机棚上。

### 知识链接　挖掘机驾驶操作安全要求

挖掘机安全操作规程是对挖掘机驾驶员和挖掘机施工作业效能的保证，是防止发生人身事故和机械事故的保证。大多数事故都是由于不遵循操作和维护机器的基本安全规程所造成的。所以，在操作和维护工作之前必须理解和遵循所有安全操作规程、注意事项和警告事项。

挖掘机安全操作规程主要分为驾驶资格的规定、驾驶环境的规定、驾驶员操作技术的规定、挖掘机技术状况的规定和一些特殊情况的规定。

（1）驾驶员资格的规定见表1-1-1。

表1-1-1　驾驶员资格的规定

| | |
|---|---|
| ❖ **性别、年龄的要求**<br>年满18岁、身体健康 |  |
| ❖ **证件**<br>驾驶员必须经过一定的技术培训，了解本机的构造、性能、用途，熟悉安全操作和技术保养规程，身体健康，精神正常，并经考试合格方可单独操作。<br>学习人员只有在司机指导下才可以进行操作 |   |
| ❖ **工作服和操作人员防护用品**<br>不要穿戴宽松的衣服和饰品，因为它们有挂住操纵杆或其他凸出部件的危险。<br>如果头发太长伸出安全帽，会有缠入机器的危险，因此要将头发扎上。<br>始终要戴安全帽、穿安全鞋，在操作或保养机器时，如果工作需要，还要戴安全眼镜、面罩、手套、耳塞以及系好安全带。<br>在使用前，要检查所有保护装置的功能是否正常 | |
| ❖ **安全第一意识**<br>粗心与松懈易导致事故和造成伤害，小心谨慎可保护自己。<br>必须知道急救箱的存放处，并且要学会使用灭火器和其他紧急情况下的营救设备。<br>还必须知道若发生事故应通知何人 | 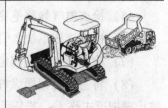 |

（2）驾驶环境的规定见表 1 – 1 – 2。

表 1 – 1 – 2　驾驶环境的规定

| 看地面 | ❖ **操作场地的安全**<br><br>开始操作前，要彻底检查工作区域是否有任何异常的危险情况。<br><br>当在可燃材料如茅草屋顶、干叶或干草附近进行操作时，有发生火灾的危险，因此操作时要小心。<br><br>检查工作场地地面的地形和情况，并确定最安全的操作方法。<br><br>不要在有塌方或落石危险的地方进行操作。<br><br>如果工作场地下面埋有水管、气管或高压电线，要与各公用事业公司联系并标出它们的位置，注意不要挖断或损坏任何管线，并采取必要的措施，防止任何未经允许的人员进入工作区域。<br><br>当在软地上或浅水中行走或操作时，在操作以前，要检查岩床的类型和情况以及水的深度和流速 |  |
| 看天上 | ❖ **不要靠近高压电缆**<br><br>不要在电缆附近走或操作机器，这样会有遭电击，造成重伤或事故的危险。在可能靠近电缆的工作场地，要按下列步骤操作。<br><br>在电缆附近开始工作前，要通知当地电力公司将要进行的作业，并请他们采取必要的措施。<br><br>因为哪怕仅是靠近高压电缆，也会遭受电击，造成严重的烧伤甚至死亡，所以机器与电缆之间一定要保持安全距离。开始操作前，要与当地电力公司一起检查有关安全操作的措施。<br><br>为了对可能发生的意外事故有所准备，要穿上胶鞋并戴上橡胶手套。在座椅上铺一层橡胶垫并注意身体的外露部分不要触到底盘。<br><br>如果机器与电缆靠得太近，要有一名信号员配合工作以发出警告。<br><br>当在高压电缆附近作业时，不要让任何人靠近机器。<br><br>如果机器与电缆靠得太近或触到电缆，为防止电击，操作人员在确保电源已被切断前，不要离开驾驶室。<br><br>另外，不要让任何人靠近机器 |  |

（3）驾驶员操作技术的规定见表1-1-3。

表1-1-3 驾驶员操作技术的规定

| | |
|---|---|
| 用铲斗提升物体 | **❖ 提升物体的安全规则**<br>不要在斜坡、松软地面或其他机器不稳定的地方进行提升作业。<br>要使用符合规定标准的钢丝绳。<br>不要超出规定的提升负荷。如果负荷碰到人或建筑物，是很危险的。在机器回转或转弯前，要仔细检查周围区域是否安全。<br>不要突然启动、回转或停住机器，这样提升的负荷有摆动的危险。<br>不要向侧面或朝机器拉动负荷。<br>当提升负荷时，不要离开操作人员座椅。<br>当与其他人一起工作时，要指定一名指挥员。<br>当修理机器或拆卸、安装工作装置时，要指定一名指挥员并在操作中听从他的指挥。<br>当与其他人一起工作时，相互之间不了解可能会导致严重事故 |
| 在机器下面工作 | 如果需要到机器或工作装置下面进行保养，那么要用强度足以支撑工作装置和机器重量的垫块和支架牢固地支撑住工作装置和机器。如果履带板离开地面，机器仅靠工作装置支撑，在机器下面工作是非常危险的。如果错误地碰到操纵杆或液压管路，工作装置或机器会突然落下，这是非常危险的。如果没有用垫块或支架把机器适当地支撑住，不要在机器下面工作 |
| 人员 | 只有经过批准的人员可以维护或修理机器。不允许未经批准的人员进入机器所在区域。如有必要，可安排一名观察员。在开始拆卸或安装附件前，要指定一名指挥员。要将已从机器上拆下的附件放在一个稳定的地方，使附件不会倒下，并要采取措施，防止未经许可的人员进入存放区域 |

（4）挖掘机正确驾驶规定见表1-1-4。

表1-1-4 挖掘机正确驾驶规定

| | |
|---|---|
| 启动发动机前 | 如果工作装置操纵杆上挂有警告标牌，不要启动发动机或接触操纵杆 |
| 启动前的检查 | **❖ 在开始日常工作时，启动发动机前的检查**<br>擦去窗玻璃表面上的灰尘，以保证有良好的视线。<br>擦去前照灯和工作灯透镜表面的灰尘并检查它们是否正常。<br>检查冷却液液位、燃油油位和机油油位。<br>检查空气滤清器是否堵塞，并检查电线是否损坏。<br>将操作人员座椅调整到易于进行操作的位置，并检查座椅安全带或固定夹是否损坏或磨损。<br>检查仪表工作是否正常，检查灯和工作灯的角度是否合适并检查操纵杆是否全部处在中位。<br>启动发动机前，检查安全锁定操纵杆是否处在锁定位置。<br>调整后视镜，以便可以从驾驶室座椅上清楚地看到机器的后部。<br>检查在机器的上面、下面或在周围有没有人员或障碍物 |

（续）

| 启动发动机的安全规则 | 启动发动机时，要鸣喇叭作为警告。<br>只允许坐在座椅上启动或操作机器。<br>除操作人员外，不允许任何人坐在机器上。<br>不要采用发动机电路短路的方式启动发动机，这样做不仅危险，还会造成设备的损坏 |
|---|---|
| 启动发动机后 | ❖**启动发动机后的检查**<br>当进行检查时，将机器移到一个没有障碍物的宽阔区域，并缓慢地操作，不允许任何人靠近机器。<br>一定要系上安全带。<br>检查机器的动作与控制模式卡片上的显示是否一致，如果不一致，马上用正确的控制模式卡片更换。<br>检查仪表、设备、铲斗、斗杆、动臂、行走系统、回转系统和转向系统在操作过程中是否正常。<br>检查机器的声音、振动、加热、气味或仪表是否有异常，检查机油或燃油有无泄漏，如发现任何异常，要马上进行修理 |

2. 发动机启动前检查

1）检查冷却液的液位

（1）打开机器左后部的水箱门，检查副水箱中的冷却液是否在 LOW（低）与 FULL（满）标记之间（图 1-1-8）。如果液位低，要通过副水箱的注水口加冷却液到 FULL（满）标记。注意，应加注专用冷却液或矿物质含量低的软水。

（2）加满后，把盖拧紧。

（3）如果副水箱是空的，首先检查副水箱是否漏水。如果漏水，马上修理；如果没有异常，检查散热器中的液位。如果液位低，先往散热器中加冷却液，然后往副水箱中加冷却液。

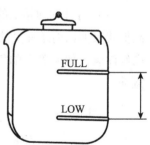

图 1-1-8　副水箱的液位标记

🌟 | **注意事项** |

（1）除非必要，否则不要打开散热器盖。检查冷却液时，要等发动机冷却后再检查副水箱。

（2）关闭发动机后，冷却液处在高温状态，散热器处内部压力较高，如果此时拆下散热器盖，高温的冷却液会喷出，有造成烫伤的危险。正确的做法是，等温度降下来后再拆卸散热器盖，拆卸时慢慢地转动散热器盖以释放内部的压力。

2）检查发动机油的油位

（1）打开机器上部的发动机罩，拔出油尺（图 1-1-9），用布擦掉油尺上的油，将油尺再插回孔中，然后拔出油尺，看油尺的油位是否在 H 和 L 标记之间。

（2）如果油位低于 L 标记，要通过注油口加油。

（3）如果油位高于 H 标记，打开发动机机油箱底部的放油塞（图 1-1-10），排掉多余的机油，然后再次检查油位。

（4）油位合适后，拧紧注油口盖，关好发动机罩。

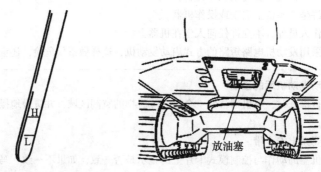

图1-1-9 油尺          图1-1-10 放油塞

**注意事项**

（1）发动机运转后检查油位，应在关闭发动机后至少 15 min 以后再进行。

（2）如果挖掘机是斜的，在检查前要使挖掘机停在水平地面上。

3）检查燃油位

（1）打开燃油箱上的注油口盖（图1-1-11），油箱的浮尺会根据油位上升。浮尺的高低代表油箱内燃油量的多少。当浮尺的顶端高出注油口端平面大约50 mm 时，表示燃油已经注满。如果盖上的气孔（图1-1-12）被堵住，油箱内的压力将下降，燃油将不流动。

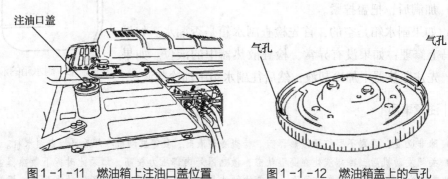

图1-1-11 燃油箱上注油口盖位置          图1-1-12 燃油箱盖上的气孔

（2）加油后，用注油口盖按下浮尺（注意不要让浮尺卡在注油口盖的凸耳上），然后将注油口盖拧紧。

**注意事项**

（1）经常清洁注油口盖上的通气孔。

（2）通气孔被堵后，油箱中的压力下降，燃油将不流动，发动机会自动熄火或无法启动。

4）排放燃油箱中的水和沉积物

（1）打开机器右侧的泵室门。

（2）在排放软管下面放一个容器，接排放出的燃油、水和沉积物。

（3）打开燃油箱后部的排放阀，将聚积在油箱底部的沉积物和水与燃油一起排除。

（4）见到流出干净的燃油时，关闭排放阀。

（5）关上机器右侧的泵室门。

5）检查油水分离器中的水和沉积物并放水

打开机器右后侧的门，检查油水分离器内部的浮环是否已经升到标记线处，要按照以下步骤放水。油水分离器的组成如图1-1-13所示。

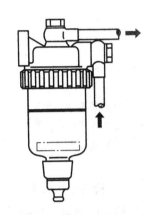

图1-1-13　油水分离器的组成

（1）在油水分离器下部放一个接油、水和沉积物的容器。

（2）关闭燃油箱底部的燃油阀。

（3）拆下油水分离器上端的排气螺塞。

（4）打开油水分离器底部的排放阀，把水和沉积物排入容器。

（5）松开环形螺母，拆下滤芯壳体。

（6）从分离器座上拆下滤芯，并用干净的柴油进行冲洗。

（7）检查滤芯，如有损坏，要进行更换。

（8）如果滤芯完好无损，则将滤芯重新安装好。安装时注意先将油水分离器的排放阀关闭，然后装上油水分离器上端的排气螺塞。环形螺母的拧紧力矩应为（40±3）N·m。

（9）松开排气螺塞，往滤芯壳体内添加燃油，见燃油从排气螺塞流出时，拧紧排气螺塞。

6）检查液压油箱中的油位

（1）挖掘机处于如图1-1-14所示的状态时，启动发动机并使发动机低速运转，收回斗杆和铲斗油缸，然后降下动臂，把铲斗斗齿调到与地面接触，关闭发动机。

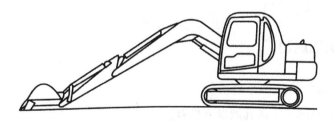

图1-1-14　检查液压油位时挖掘机的状态

（2）在关闭发动机后的15 s内，把启动开关切换到ON位置，并将左右两侧操纵手柄在各个方向移动几次，以释放内部压力。

（3）打开机器右侧泵室门，检查液压油位计（图1-1-15），油位应处在H标记和L标记之间。

（4）油位低于L标记时，通过液压油箱顶部的注油口加油。

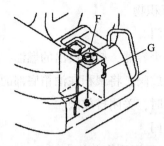

图1-1-15　液压油位计位置

F—放气阀；G—液压油位计

**！｜注意事项｜**

(1) 不要将油加到 H 标记以上，否则会损坏液压油路或造成油喷出。如果已经将油加到 H 标记以上，要关闭发动机，等液压油冷却后，从液压油箱底部的排放螺塞排出过量的油。

(2) 在添加液压油之前，要慢慢移动注油口盖释放内部压力，防止液压油喷出。

**7）检查电器线路**

检查熔断器（保险丝）是否损坏或容量是否相符，检查电路是否有断路或短路迹象，检查各端子是否松动并拧紧松动的端子，检查喇叭的功能是否正常。将启动开关切换到 ON 位置，确认按喇叭按钮时，喇叭鸣响，否则应马上修理。

注意检查蓄电池、启动马达和交流发电机的线路。

**！｜注意事项｜**

(1) 如果熔断器被频繁烧坏或电路有短路迹象，应找出原因并进行修理，或与经销商联系修理。

(2) 要保持蓄电池的上部表面的清洁，检查蓄电池盖上的通气孔。如果通气孔被脏物或尘土堵塞，冲洗蓄电池盖，把通气孔清理干净。

## 步骤二　发动机的启动

**1. 启动发动机前的操作与确认**

每次启动发动机前，应认真做以下检查。

(1) 检查安全锁定操纵杆是否在锁紧位置。

(2) 检查各操纵杆是否在中位。

(3) 启动发动机时不要按下左手按钮开关。

(4) 将钥匙插入启动开关，把钥匙转到 ON 位置，然后进行下列检查。

①蜂鸣器鸣响约1 s，下列监控器的指示灯和仪表（图1-1-16）闪亮约3 s：散热器水位监控器、机油油位监控器、充电电位监控器、燃油油位监控器、发动机水温监控器、

机油压力监控器、发动机水温计、燃油计、空气滤清器堵塞监控器。

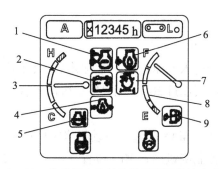

图1-1-16 发动机启动前监控器显示的检查项目

1—散热器水位监控器；2—充电电位监控器；3—发动机水温计；4—机油压力监控器；
5—发动机水温监控器；6—机油油位监控器；7—空气滤清器堵塞监控器；8—燃油计；9—燃油油位监控器

如果监控器不亮或蜂鸣器不响，则监控器可能有故障，要与经销商联系修理。

②启动发动机大约3 s以后，屏幕转换到工作模式/行走速度显示监控器，然后转换到正常屏幕，其显示项目包括燃油油位监控器、机油油位监控器、发动机水温计、燃油油位监控器、液压油温度计和液压油温度监控器。

③如果液压油温度计不亮，液压油温度监控器的指示灯依然发亮（红色），要马上对所指示的项目进行检查（图1-1-17）。

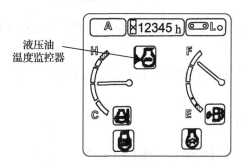

液压油
温度监控器

图1-1-17 液压油温度监控器指示灯

④如果某些项目的保养时间已过，保养监视器指示灯就会闪亮30 s。此时应按下保养开关，检查此项目，并马上进行保养。

⑤按下前灯开关，检查前灯是否亮。如果前灯不亮，可能是灯泡烧坏或短路，应进行更换或修理。

**注意事项**

启动发动机时，检查安全锁定操纵杆是否固定在锁定位置；如果没有锁定操纵杆，启动发动机时意外触到操纵杆，工作装置会突然移动，可能会造成严重事故；当操作人员从座椅上站起时，不管发动机是否运转，一定要将安全锁定操纵杆设定在锁定位置。

2. 启动发动机

1）正常启动

（1）启动前的注意事项如下。

①检查挖掘机周围是否有人或障碍物，鸣响喇叭后才能启动发动机。

②连续运转启动马达不要超过20 s。如果发动机没有启动，至少应等待2 min，然后再重新启动。

③如果燃油控制旋钮处在MAX位置，发动机将突然加速，会造成发动机零部件损坏。注意启动发动机前将燃油控制旋钮调到MIN位置（图1-1-18）。

图1-1-18 燃油控制旋钮

（2）检查安全锁定操纵杆是否处在锁定位置；安全锁定操纵杆处在自由位置，发动机将不能启动。

（3）将启动开关钥匙转到START位置，启动发动机。

 **知识链接 启动开关**

启动开关用于启动或关闭发动机（图1-1-19）。

 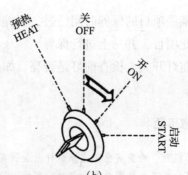

（a）                （b）

图1-1-19 启动开关

（a）启动开关实物图 （b）启动开关示意图

① OFF（关）位置。在此位置上，可插入或拔出钥匙。此时，除驾驶室灯和时钟外，所有电气系统都处于断电状态，发动机关闭。

② ON（开）位置。接通充电和照明电路，发动机运转时，钥匙保持在这个位置。

③ START（启动）位置。启动发动机，则将钥匙转到这个位置，发动机启动后应立即松开钥匙，钥匙会自动回到 ON 位置。

④ HEAT（预热）位置。冬天启动发动机前，应先将钥匙转到这个位置，有利于启动发动机。钥匙置于预热位置时，监控器上的预热监测灯亮。将钥匙保持在这个位置，直至监测灯闪烁后熄灭，此时立即松开钥匙，钥匙会自动回到 OFF 位置。然后把钥匙转到START 位置启动发动机。

（4）当发动机启动时，松开启动开关钥匙，钥匙将自动回到 ON 位置。

（5）发动机启动后，当机油压力监控器指示灯亮时，不要操作工作装置操纵杆和行走操纵杆（踏板）。

⭐ | 注意事项 |

　如果发动机启动 4~5 s 以后，机油压力监控器指示灯仍不熄灭，要马上关闭发动机，检查机油油位和是否有机油泄漏，并采取必要的技术措施。

2）冷天启动发动机

在低温条件下应按下列步骤启动发动机。

（1）检查安全锁定操纵杆是否处在锁定位置。如果安全锁定操纵杆处在自由位置，发动机将不能启动。

（2）把燃油控制旋钮调到低怠速（MIN）位置，不要把燃油控制旋钮调到高怠速（MAX）位置。

（3）将启动开关钥匙保持在 HEAT 位置，并检查预热监控器指示灯是否亮。大约 18 s后，预热监控器指示灯将闪烁，表示预热完成。此时，监控器和仪表指示灯将点亮，这属正常现象。

（4）当预热监控器指示灯熄灭时，把启动开关钥匙转到 START 位置，启动发动机。

（5）发动机启动后，松开启动开关钥匙，钥匙自动回到 ON 位置。

（6）发动机启动后，当机油压力监控器指示灯亮时，不要操作工作装置操纵杆和行走操纵杆（踏板）。

3．启动发动机后的操作

1）暖机操作

暖机操作主要包括发动机的暖机和液压油的预热两方面的工作。只有等暖机操作结束后才能开始作业。暖机操作步骤如下。

（1）将燃油控制旋钮切换到低怠速与高怠速之间的中怠速位置，并在空载状态下使发动机中速运转大约 5 min。

（2）将安全锁定操纵杆调到自由位置，并将铲斗从地面上升起。在此过程中注意以下两点。

①慢慢操作铲斗操纵杆和斗杆操纵杆，将铲斗油缸和斗杆油缸移到行程端部。

②对铲斗和斗杆全行程操作 5 min，其间以 30 s 为周期转换。

（3）预热操作后，检查机器监控器上的所有仪表和指示灯是否处于下列状态。

①散热器水位监控器：无显示。

②机油油位监控器：无显示。

③充电电位监控器：无显示。

④燃油油位监控器：显示绿色。

⑤发动机水温监控器：显示绿色。

⑥机油压力监控器：无显示。

⑦发动机水温计：指针在黑色区域内。

⑧燃油计：指针在黑色区域内。

⑨发动机预热监控器：无显示。

⑩空气滤清器堵塞监控器：无显示。

⑪液压油温度计：指针在黑色区域内。

⑫液压油温度监控器：显示绿色。

（4）检查排气颜色、噪声或振动有无异常，如发现异常，应立即进行修理。

（5）如果空气滤清器堵塞监控器指示灯闪亮，则马上清洁或更换滤芯。

（6）利用监控器上的工作模式选择开关选择将要采用的工作模式。工作模式监控器显示的 4 种模式及作用如下。

A 模式：用于重负荷操作，如挖掘石块等。

E 模式：主要用于节省燃油的操作。

L 模式：用于精确控制操作，如起吊作业和平整土地等。

B 模式：用于破碎器的操作。

**注意事项**

（1）液压油处在低温时，不要进行操作或突然移动操纵杆。一定要进行暖机操作，否则会缩短机器的使用寿命。

（2）在暖机操作完成之前，不要使发动机突然加速。

（3）不要以低怠速或高怠速连续运转发动机超过 20 min，否则会造成涡轮增压器供油管处漏油。如果必须用怠速运转发动机，要不时地施加载荷或以中速运转发动机。

（4）如果发动机冷却液温度在 30 ℃以下，为保护涡轮增压器，在启动以后的 2 s 内发动机转速不要提升，即使转动了燃油控制旋钮也要如此。

（5）如果液压油温度低，液压油温度监控器指示灯显示白色。

（6）为了能更快地升高液压油温度，可将回转锁定开关转到 SWINGLOCK（锁定）位置，再将工作装置油缸移到行程端部，同时全行程操作工作装置操纵杆，做溢流动作。

2）自动暖机操作

在寒冷地区启动发动机时，系统自动进行暖机操作。启动发动机时，如果发动机冷却液温度低于 30 ℃，将自动进行暖机操作。如果发动机冷却液温度达到规定的温度（30 ℃）或暖机操作持续了 10 min，自动暖机操作将被取消。自动暖机操作后，如果发动机冷却液温度或液压油温度还低，那么按下列步骤进一步暖机。

（1）将燃油控制旋钮转到低怠速与高怠速之间的中怠速位置。

（2）将安全锁定操纵杆调到自由位置，并将铲斗从地面升起。

（3）慢慢地操作铲斗操纵杆和斗杆操纵杆，将铲斗油缸和斗杆油缸移到行程端部。

（4）依次操作铲斗 30 s 和操作斗杆 30 s，全部操作需持续 5 min。

（5）进行预热操作后，检查机器监控器上的仪表和指示灯是否处于下列状态。

①散热器水位监控器：无显示。

②机油油位监控器：无显示。

③充电电位监控器：无显示。

④燃油油位监控器：显示绿色。

⑤发动机水温监控器：显示绿色。

⑥机油压力监控器：无显示。

⑦发动机水温计：指针在黑色区域内。

⑧燃油计：指针在黑色区域内。

⑨发动机预热监控器：无显示。

⑩空气滤清器堵塞监控器：无显示。

⑪液压油温度计：指针在黑色区域内。

⑫液压油温度监控器：显示绿色。

（6）检查排气颜色、噪声或振动有无异常。如发现异常，应立即进行修理。

（7）如果空气滤清器堵塞监控器指示灯闪亮，则马上清洁或更换滤芯。

（8）把燃油控制旋钮转到高怠速（MAX）位置并进行 3～5 min 第（5）步的操作。

（9）重复第（3）～（5）步并慢慢进行下列操作：动臂操作，提升→下降；斗杆操作，收回→伸出；铲斗操作，挖掘→卸荷；回转操作，左转→右转；行走（低速）操作，前进→后退。

（10）用机器监控器上的工作模式开关选择要用的工作模式。

**注意事项**

（1）若不进行上述操作，当启动或停止各操作机构时，在反应上会有延迟，因此要继续操作，直到正常为止。

（2）其他注意事项与暖机操作相同。

注：暖机操作的取消。当发动机的冷却液温度低于 30 ℃时启动发动机，系统会自动进行暖机操作。此时燃油控制旋钮虽在低怠速（MIN）位置，但系统却将发动机转速设定为 1 200 r/min 左右。在某些紧急情况下，不得不把发动机转速降至低怠速时，应按下列步骤取消自动暖机操作。

（1）将启动开关钥匙插入启动开关，从 OFF 位置切换到 ON 位置。

（2）把燃油控制旋钮切换到高怠速（MAX）位置，并在该位置保持 3 s。

（3）把燃油控制旋钮切换到低怠速（MIN）位置。

（4）此时再启动发动机，自动暖机功能已被取消，发动机以低速运转。

### 步骤三 挖掘作业操作

挖掘作业是挖掘机驾驶作业人员首先要熟练掌握的最基本技能，只有掌握好挖掘作业，才能学好其他作业项目。挖掘作业又有挖土、挖沟、挖建筑基坑、挖掘岩石等基本作业。

**1. 挖土作业操作**

在工作场地内卧稳机器后，把斗杆完全打开，铲斗口与斗杆臂杆基本成平行状态后，把铲斗落在地面上，回收斗杆到与地面基本成垂直状态后停止，在收斗杆的同时点抬动臂、点收铲斗，使铲斗挖满、端平，抬起动臂，使斗底脱离地面后旋转。在接近甩土指定位置时将斗杆和铲斗打开，这样可以提高速度，最后将土甩在指定位置，要求把土尽量甩远些。旋转机器到指定挖土位置后继续下一个挖土、甩土动作，如图1-1-20和图1-1-21所示。

图1-1-20 挖土

图1-1-21 甩土

**| 注意事项 |**

（1）工作结束后，使机器行走至停放位置，将铲斗完全打开，斗杆垂直于地面，关闭液压安全锁、操纵杆，怠速运转5 min，关闭发动机，确定门窗锁好，然后离开。

①上机后应先静下心来，或者闭上眼睛仔细想一下你要做的动作是什么，应该怎么操作，首先做到心中有数，而不是直接操作机器。

②操作机器先做几个空动作，熟悉一下操作手柄。熟悉手柄以后，观察一下周围的环境，确定工作环境是否可以安全操作，然后再专心操作机器进行学习训练。

③开始操作时，动作不要做得过快，应该先将动作做规范，操作熟练以后方能快速高效。

④不要把注意力放到其他人身上，应始终把注意力保持在周围的工作环境，机器动臂、斗杆、铲斗上，集中注意力专心进行操作训练。只有克服自己的紧张情绪，对自己充满信心，做好每一个复合操作动作，才能让自己在实际上机训练中进步更快，操作更熟练。

**知识链接 操纵杆的功能与控制**

挖掘机操纵装置无论是大型挖掘机的、小型挖掘机的，还是国产的、进口的，其基本形式、功能都一样，除非添加个别功能，否则没有什么差别。挖掘机操纵装置是挖掘机操纵杆的总和，挖掘机的操纵装置包括安全锁定操纵杆，左、右操纵杆，行走操纵杆，行走操纵脚踏板，附属装置控制踏板等操作部件，如图1-1-22所示。现以小松PC系列液压挖掘机（图1-1-23）为例，介绍各种操作装置的用途和使用方法。

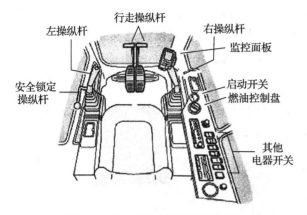

图1-1-22　挖掘机操纵装置示意图　　　　图1-1-23　小松PC系列挖掘机操纵装置

1. 安全锁定操纵杆

（1）安全锁定操纵杆（也称液压安全锁）的功能。安全锁定操纵杆的主要作用是防止工作装置、回转马达和行走马达产生错误动作，避免发生安全事故。

（2）安全锁定操纵杆的使用方法。安全锁定操纵杆通过电磁阀起作用，用于控制工作装置、回转马达和行走马达的液压油路的接通和关闭。它有锁和自由两个位置。该杆处于自由位置时，操作工作装置、回转和行走操纵杆，以及工作装置、回转马达和行走马达能够动作。

该杆处于锁定位置时，操作工作装置、回转和行走操纵杆，以及工作装置、回转马达和行走马达均不能动作。

此外，启动发动机前，安全锁定操纵杆应处于锁定位置，若处于自由位置，发动机则不能启动。安全锁定操纵杆的位置如图1-1-24所示。

图1-1-24　安全锁定操纵杆的位置

（3）安全锁定操纵杆的操作使用注意事项如下。

①离开驾驶室之前，要确定安全锁定操纵杆是否处于锁定位置。如果未处于锁定位置，而发动机此时又未熄火，误碰左、右工作装置操纵杆或行走操纵杆，会造成机器突然

动作，可能引发严重的伤害事故。

②放下安全锁定操纵杆时，不要碰触工作装置操纵杆或行走操纵杆。若安全锁定操纵杆未真正处于锁紧位置，则工作装置、回转和行走装置均有突然动作的危险。

③在抬起安全锁定操纵杆的同时，不要碰触工作装置操纵杆和行走操纵杆。

2. 挖沟作业操作

反铲挖掘机的挖沟作业方式有沟端挖掘、沟侧挖掘、直线挖掘、曲线挖掘、保持一定角度挖掘、超深沟挖掘和沟坡挖掘等，如图 1-1-25 所示。

图 1-1-25 挖沟作业

（1）沟端挖掘。挖掘机从沟槽的一端开始挖掘，然后沿沟槽的中心线倒退挖掘，自卸车停在沟槽一侧，挖掘机动臂及铲斗回转 40°~45°即可卸料。当沟宽为挖掘机最大回转半径的 2 倍时，自卸车只能停在挖掘机的侧面，动臂及铲斗要回转 90°方可卸料。若挖掘的沟槽较宽，可分段挖掘，待挖掘到尽头时调头挖掘毗邻的一段。分段开挖的每段挖掘宽度不宜过大，以自卸车能在沟槽一侧行驶为原则，这样可减少作业循环的时间，提高作业效率。

（2）沟侧挖掘。沟侧挖掘与沟端挖掘不同的是，自卸车停在沟槽端部，挖掘机停在沟槽一侧，动臂及铲斗回转小于 90°即可卸料。沟侧挖掘的作业循环时间短、效率高，但挖掘机始终沿沟侧行驶，因此挖掘过的沟边坡较大。

（3）直线挖掘。当沟槽宽度与铲斗宽度相同时，可将挖掘机置于沟槽的中心线上，从正面进行直线挖掘。挖到所要求的深度后再向后移动挖掘机，直至挖完全部长度。用这种方法挖掘浅沟槽时挖掘机的移动速度较快，反之则较慢，但都能很好地使沟槽底部挖得符合要求。

（4）曲线挖掘。挖掘曲线沟槽时，可用短直线步进挖掘，相继连接而成，为使沟廓有圆滑的曲线，需要将挖掘机中心线稍微向外偏斜，挖掘机同时缓慢地向后移动。

（5）保持一定角度挖掘。保持一定角度的挖掘方法通常用于铺设管道的沟槽挖掘，多数情况下挖掘机与直线沟槽保持一定的角度，而曲线部分很小。

（6）超深沟挖掘。当挖掘面积很大、深度很深的沟槽时，可采用分层挖掘方法或正、反铲双机联合作业。

（7）沟坡挖掘。挖掘沟坡时将挖掘机置于沟槽一侧，最好用可调的加长铲斗杆进行挖掘，这样可以使挖出的沟坡不需要修整。

 **知识链接　操纵杆的功能与操作**

2. 左操纵杆

（1）左操纵杆的功能。左操纵杆（图1-1-26）用于操作斗杆和回转，有些挖掘机的左操纵杆上带有自动减速装置。

图1-1-26　左操纵杆

（2）左操纵杆的使用方法。按下述动作操作左操纵杆时，斗杆和上体部分会产生相应的动作（图1-1-27）。

①向前推：斗杆卸料。

②向后拉：斗杆挖掘。

③向右拉：上体部分向右回转。

④向左拉：上体部分向左回转。

⑤中位（N）：当左操纵杆处于中位时，上车部分不回转，斗杆不动作。

图1-1-27　左操纵杆

3. 右操纵杆

（1）右操纵杆的功能。右操纵杆（图1-1-28）用于操作动臂和铲斗，有些挖掘机的右操纵杆上带有自动减速装置。

图1-1-28　右操纵杆

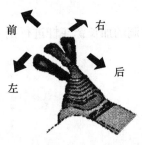

图1-1-29 右操纵杆

（2）右操纵杆的使用方法。按下述动作操作右操纵杆时，动臂和铲斗会产生相应的动作（图1-1-29）。

①向前推：动臂下降。

②向后拉：动臂抬起。

③向右推：铲斗卸料。

④向左拉：铲斗挖掘。

⑤中位（N）：当右操纵杆处于中位时，动臂和铲斗均不动作。

3. 挖掘建筑基坑作业操作

挖掘机可挖掘的建筑基坑的坑长、坑宽均为铲斗宽度的2倍，坑深为一个铲斗的高度，所挖的坑为箱形坑，如图1-1-30所示。挖掘时，铲刃尖垂直于地面，操作动臂、铲斗杆和铲斗，逐渐往下挖，以保证挖掘面平直。

坑的左右侧面的垂直整平按挖沟的要领实施，如图1-1-31所示。

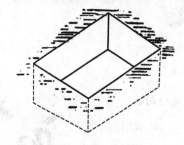

图1-1-30 箱形坑

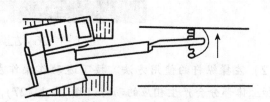

图1-1-31 坑的左右侧面的挖掘要领（俯视图）

整平远离挖掘机的侧面时，铲斗杆从伸展至80%左右位置开始作业，而不要从最大伸展位置开始。用铲刃尖接触挖掘面，一边降下动臂，一边收铲斗杆，同时一点一点地打开铲斗，确保侧面垂直平整，如图1-1-32所示。

整平近车身一侧的侧面时，用铲刃尖接触挖掘面，使斗杆与地面垂直，一边下降动臂，一边伸展铲斗杆，同时逐渐打开铲斗以确保作业面垂直、平整，如图1-1-33所示。

平整坑底面时，先用铲刃尖在坑底扒拢，再使铲斗底面水平，最后进行挖掘。

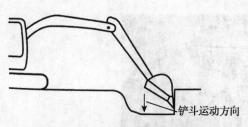

图1-1-32 坑的外端侧面的整平

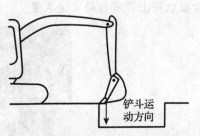

图1-1-33 坑的里端侧面的整平

**知识链接　操纵杆的功能与操作**

### 4. 行走操纵杆

（1）行走操纵杆的功能。行走操纵杆用于控制挖掘机的前后行走和左右转弯。一般情况下，行走操纵杆带有脚踏板。当手不能用于操纵行走操纵杆时，可以用脚踩脚踏板来控制挖掘机的行走。有的挖掘机的行走操纵杆上带有自动减速装置。当按下自动降速开关按钮，且行走操纵杆处于中位时，自动减速装置可自动降低发动机的转速，以减少油耗。

（2）行走操纵杆的使用方法。行走操纵杆正常状态下，应引导轮在前，驱动轮在后。此时，可用行走操纵杆和脚踏进行下述操作。

①使挖掘机前进时，向前推行走操纵杆，或使脚踏板向前倾。

②使挖掘机后退时，向后拉行走操纵杆，或使脚踏板向后倾。

③使挖掘机停止移动时，将操纵杆处于中位（N），或松开脚踏板。

（3）直线行走方式。将左、右行驶操纵杆一起推向前方，挖掘机就直线前进；将其一起拉向近身一侧，就直线后退，如图1-1-34所示。

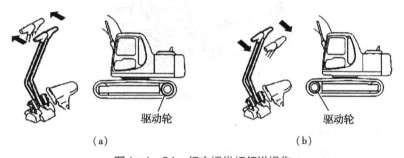

驱动轮　　　　　　　　　　　驱动轮

（a）　　　　　　　　　　　　　　（b）

图1-1-34　行走操纵杆行进操作

（a）直线前进　（b）直线后退

（4）行走左、右转方式。行走左、右转弯是指整机上、下体部分同时转弯，这种行走转弯与只有上体部分的回转是有区别的。要左转或右转时，操作某一侧的行驶操纵杆；将右行驶操纵杆推向前方，机器向前左转；将左行驶操纵杆推向前方，机器向前右转，如图1-1-35所示。

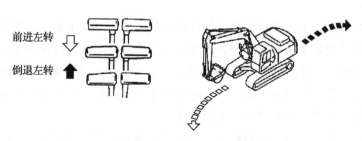

前进左转

倒退左转

图1-1-35　行走左、右转操作

液压挖掘机转向时，还有一个办法。即把左行驶操纵杆拉向近身一侧，把右行驶操纵杆推向前方，机器就会原地向左转，如要原地向右转，则把左、右操纵杆反向操作，如图 1-1-36 所示。

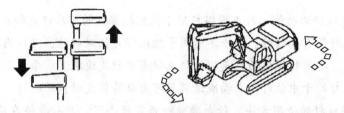

图 1-1-36 原地向左旋转

（5）爬斜坡方式。爬斜坡行驶中工作装置一定要位于上坡方向，传动装置位于下坡方向，如图 1-1-37 所示。

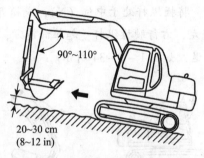

图 1-1-37 爬斜坡操作

爬斜坡的注意事项如下。

①如不需要机器行驶，不要把脚放在踏板上。若把脚放在踏板上，一旦误踩踏板，机器会突然移动，有造成严重事故的可能。

②一般情况下，应将驱动轮朝后放置。若驱动轮朝前，机器则朝相反方向移动（即把操纵杆向前推时，机器向后移动；把操纵杆向后拉时，机器向前移动），易造成意外事故。

③有些挖掘机带有行驶警报器，若驾驶者把行走操纵杆由中位向前推或向后拉，警报器会响，表示机器开始移动。

5. 复合操作

复合操作的功能。复合操作是指挖掘机操纵杆能使两个以上的工作装置同时工作。例如，一面收斗杆一面收铲斗；或者一面回转一面提升动臂，这类操作叫复合操作。

首先，左操纵杆可使斗杆和回转同时动作。例如，把操纵杆拉向斜外侧近身一边时，可以一面收斗杆一面向左回转。其次，同时操作左右操纵杆，可以复合操纵。例如，可一面用右操纵杆提升动臂，一面用左操纵杆回转。

在右操纵杆工作时，如同看到的那样，杆朝斜方向动作，动臂和铲斗可以同时动作。例如，把操纵杆朝斜内侧身体一边拉，就能一面收铲斗一面提升动臂。只有掌握了复合操作，才能说真正掌握了工作装置的基本操作。

4. 挖掘岩石作业操作

使用铲斗挖掘岩石会对机器造成较大的损坏，应尽量避免。必须挖掘时，应根据岩石的裂纹走向调整挖掘机机体的位置，使铲斗能够顺利铲入；把斗齿插入岩石裂缝中，用斗杆和铲斗的挖掘力进行挖掘（应留心斗齿的滑脱）；未被碎裂的岩石应先破碎，再使用铲斗挖掘。

**注意事项**

(1) 避免扭转。过度扭转会损坏附属装置和挖掘机的回转系统。避免过度扭转的方法：不用铲斗边刮硬物或提取硬物；不用回转力卸物料。

(2) 行走力。不要利用行走力进行挖掘、顶推或拖曳操作，因为这样会损坏附属装置、液压油缸和履带。

(3) 下落力。不要利用动臂和斗杆的下落力来粉碎物体。这种捣碎动作会严重损坏整个机器。

(4) 平衡重。确保吊装/承载的负荷不超过挖掘机的能力。过载会使机器过早磨损并损坏底盘。

(5) 铲斗尺寸。不要用宽铲斗挖掘硬物，合成扭转力会损坏机器。使用过大的铲斗铲装重物会降低生产率，并且会损坏机器。

## 步骤四　装车作业操作

1. 操作要领

(1) 作业开始前，应对不同车辆有所认识。按照先装小车后装大车的顺序来装载（图 1 – 1 – 38），并尽量选用驾驶室模式。装载过程中应注意：无论装大车还是小车都不能发生碰撞，动臂应放低，中臂和铲斗要稳开（稳收）；卸料时不砸、不刮，不撒落到车外。操作时应注意：装小车，铲斗放低，把铲斗口调节至车厢中间时，轻（慢）开铲斗卸料。在卸料过程中，应根据落料位置轻开或轻收，调节好中臂和铲斗的角度。

(2) 如果第一斗装不满车辆，在装第二斗时更要慢。因为小车装不下料时可能会突然开走，料容易洒落到车外。装大车时，把铲斗放低至车厢中间后位，开斗卸料时，铲斗任何部位不得触及车厢，中臂向前伸，从后向前顺序装载。挖掘时，要将机器前方的工作面清理干净，如有清理不到位，大车可能被堵住不能开走。大车离开时，挖掘机两个操纵杆无动作，只有左边下方"正手标志"出现后才能操作。在恢复动作准备倒车时，应收中臂，下降动臂，操纵上体部分向左旋转90°或180°后再进行倒车，倒车至安全区域。继续按照以上装载的方法和次序进行小车和大车的装载，直到把大、小车辆全部装完，再将机器按停车标准姿势停放在停车区，结束本例的操作。

图1-1-38　装车

2．注意事项

（1）认识和掌握装载大车和小车的不同技巧，根据其不同点，熟练完成安全装载。

（2）本例是将大坝的沙，按照先装小车后装大车的顺序进行装载。装载时，做到不碰擦和不撒漏。

（3）通过反复练习使学员熟练掌握操作手柄。结合之前掌握的操作技能，做到熟练操控操作手柄。

## 步骤五　发动机的制动

1．关闭发动机

关闭发动机的步骤是否正确，对发动机的使用寿命有极大的影响。如果发动机还没冷却就被突然关闭，会极大地缩短发动机的使用寿命。因此，除紧急情况外，不要突然关闭发动机。特别是在发动机过热时，更不要突然关闭，应使其以中速运转，使发动机逐渐冷却，然后再关闭发动机。关闭发动机的正确步骤如下。

（1）低速运转发动机约5 min，使发动机逐渐冷却。如果经常突然关闭发动机，发动机内部的热量不能及时散发出去，会造成机油提前劣化，垫片、胶圈老化，涡轮增压器漏油、磨损等一系列故障。

（2）把启动开关钥匙转到 OFF 位置，关闭发动机。

（3）取下启动开关钥匙。

2．关闭发动机后的检查

为了及时发现挖掘机可能存在的安全隐患，使挖掘机保持良好的正常工作状态，关闭发动机后，应对挖掘机进行下列项目的检查。

（1）对机器进行巡视，检查工作装置、机器外部和下体部分，检查是否有漏油或漏水现象。如果发现异常，要及时进行修理。

（2）将燃油箱加满燃油。

（3）检查发动机室是否有纸片和碎屑，清除纸片和碎屑以避免发生火险。

（4）清除黏附在下体部分上的泥土。

**过程考核评价**

| 项目一　挖掘机挖掘装车作业的操作技巧 | | | | | |
|---|---|---|---|---|---|
| 学员姓名 | | 学号 | 班级 | 日期 | |
| 项目 | 考核项目 | 考核要求 | 配分 | 评分标准 | 得分 |
| 知识目标 | 挖掘机安全操作要求 | 能清晰描述挖掘机操作安全注意事项及安全标识表示的含义 | 20 | 挖掘机操作安全注意事项描述不清楚，扣10分；每认错一项安全标识，扣2分 | |
| | 挖掘机挖掘操作步骤 | 能准确描述挖土操作的流程 | 10 | 挖土操作流程叙述不清楚，扣10分 | |
| 能力目标 | 挖掘装车作业操作 | 能正确启动挖掘机 | 10 | 不能正确启动挖掘机，扣10分 | |
| | | 能正确制动挖掘机 | 10 | 不能正确制动挖掘机，扣10分 | |
| | | 能熟练推动操纵杆 | 10 | 不能熟练推动操纵杆，扣10分 | |
| | | 能熟练进行挖土操作 | 10 | 不能熟练进行挖土操作，扣10分 | |
| | | 能熟练进行甩土操作 | 10 | 不能熟练进行甩土操作，扣10分 | |
| 方法及社会能力 | 过程方法 | （1）学会自主发现、自主探索的学习方法；（2）学会在学习中反思、总结，调整自己的学习目标，在更高水平上获得发展 | 10 | 能在工作中反思，有创新见解，有自主发现、自主探索的学习方法，酌情得5~10分 | |
| | 社会能力 | 小组成员间团结协作共同完成工作任务，养成良好的职业素养（如工作服穿戴整齐、保持工位卫生等） | 10 | （1）工作服穿戴不全，扣5分；（2）工位卫生情况差，扣5分 | |
| 实训总结 | | 完成本次工作任务的体会（学到哪些知识，掌握哪些技能，有哪些收获）： | | | |
| 得分 | | | | | |

## 工作小结

**项目二 挖掘机刷坡作业的操作技巧**

**｜任务描述｜**

挖掘机刷坡（修坡），即指利用挖掘机对道路、大型基坑等边坡的倾斜表面进行平整处理。对挖方形成的坡面按设计要求（边坡率、分级、是否设分级平台等）开挖到位（图1-2-1），将边坡清顺至设计要求的边坡率。

图1-2-1 刷坡

因为挖掘机在刷坡过程中总是面对边坡，单从驾驶室是很难直接看出边坡是否是一个平整的面的，所以刷坡一直被认为是挖掘机作业中对技术水平和经验要求很高的一项作业。

在进行任务作业前，让我们来了解下挖掘机的三种装置吧！

**知识储备　回转装置、行走装置和工作装置**

1. 回转装置

回转装置使工作装置及上部转台向左或向右回转，以便进行挖掘和卸料。单斗液压挖掘机的回转装置必须能把转台支撑在机架上，不能倾斜并能保证其回转轻便灵活。为此，单斗液压挖掘机都设有回转支撑装置（起支撑作用）和回转传动装置（驱动转台回转），它们被统称为回转装置。

（1）回转支撑装置。单斗液压挖掘机用回转支撑的结构形式，实现上部转台的回转，回转支撑装置按结构形式分为转柱式和滚动轴承式两种。

（2）回转传动装置。全回转液压挖掘机的回转传动装置的传动形式有直接传动和间接传动两种。直接传动是在低速大转矩液压马达的输出轴上安装驱动小齿轮，小齿轮与回转齿圈啮合。现在挖掘机一般都不采用这种结构形式。回转齿圈如图1-2-2所示。间接传动是由高速液压马达经齿轮减速器带动回转齿圈的间接传动结构形式。这种传动形式结构紧凑，具有较大的传动比，且齿轮的受力情况较好。轴向柱塞液压马达与同类型液压油泵的结构基本相同，许多零件可以通用，便于制造及维修，从而降低了成本。回转马达如图1-2-3所示。

图1-2-2　回转齿圈

图1-2-3　回转马达

### 2. 行走装置

行走装置支撑挖掘机的整机质量并完成行走任务。

单斗液压挖掘机的履带式行走装置的基本结构与其他履带式车辆的行走装置大致相同，但它多采用两个马达各自驱动一条履带。与回转装置的传动相似，可用高速小转矩马达或低速大转矩马达。两个马达同方向旋转时挖掘机将直线行驶；若只向一个马达供油，并将另一个马达制动，挖掘机则绕制动一侧的履带转向；若使左、右两个马达反向旋转，挖掘机则原地转向。挖掘机行走装置如图1-2-4所示。

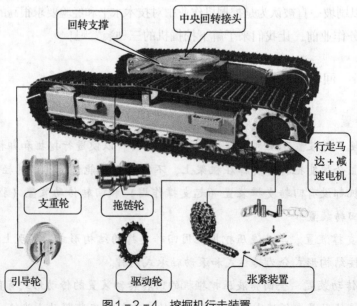
图1-2-4　挖掘机行走装置

　　单斗液压挖掘机大都采用组合式结构履带和平板型履带板，平板型履带板没有明显履刺，虽附着性能差，但坚固耐用，对路面的破坏性小，适用于坚硬岩石地面作业或经常转场的作业。也可采用三履刺型履带板，其接地面积较大，履刺切入土壤深度较浅，适宜于挖掘机采石作业。专用于沼泽地的三角形履带板可降低接地比压，提高挖掘机在松软地面上的通过能力。

　　单斗液压挖掘机的驱动轮均采用整体铸件，能与履带正确啮合、传动平衡。挖掘机行走时，驱动轮应位于后部，使履带的张紧段较短，减少履带的摩擦、磨损和功率消耗。每条履带都设有张紧装置，以调整履带的张紧度，减少履带的振动噪声、摩擦、磨损及功率消耗。目前单斗液压挖掘机都采用液压张紧结构。其液压缸置于缓冲弹簧内部，减小了外形尺寸。

　　3. 工作装置

　　1）反铲装置

　　反铲装置各部件之间全部采用销轴铰接连接，由油缸的伸缩来实现挖掘过程中的各种动作，动臂的下铰点与上部转台铰接，以动臂油缸来支撑和改变动臂的倾角，通过动臂油缸的伸缩可使动臂绕下铰点转动，实现动臂升降。斗杆铰接于动臂的上端，由斗杆油缸控制斗杆与动臂的相对角度，当斗杆油缸伸缩时，斗杆便可绕动臂上铰点转动。铲斗与斗杆前端铰接，并通过铲斗油缸伸缩使铲斗转动。为增大铲斗的转角，通常采用摇臂连杆机构使油缸与铲斗连接，如图1-2-5所示。

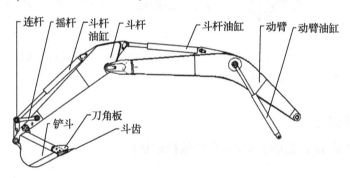

图1-2-5 反铲工作装置

　　2）液压缸

　　液压缸是利用液压力推动活塞做正反两方向运动的部件，有单活塞杆、双活塞杆和伸缩式等三种类型，其中双作用单活塞杆式使用最广。这是因为这种液压缸两腔的有效作用面积不等，当无杆腔进液时，推力大而速度慢，当有杆腔进液时，推力小而速度快，这个特点符合大多数工程机械的作业要求。图1-2-6为双作用单活塞杆液压缸的结构图，它由缸底、缸筒、端盖、活塞杆等主要零件组成。

　　3）铲斗

　　反铲装置用的铲斗形状、尺寸与作业对象有很大关系。为了满足各种挖掘作业的需要，在同一台挖掘机上可配以多种结构形式的铲斗，图1-2-7分别为反铲铲斗的基本形式和加宽式。铲斗的斗齿采用装配式，其形式有橡胶卡销式和螺栓式，如图1-2-8所示。

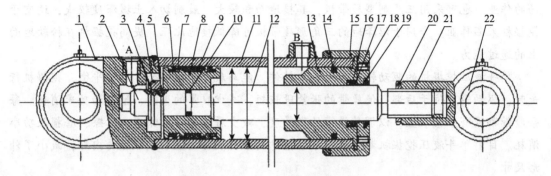

图1-2-6　双作用单活塞杆液压缸

1—缸底；2—缓冲柱塞；3—弹簧卡圈；4—挡环；5—卡环（由2个半圆组成）；6—密封圈；
7—挡圈；8—活塞；9—支承环；10—活塞与活塞杆；11—缸筒；12—活塞杆；13—导阀套；
14—导向套和缸筒之间的密封圈；15—端盖；16—导向套和活塞杆之间的密封圈；17—挡圈；
18—锁紧螺钉；19—防尘圈；20—锁紧螺母；21—耳环；22—耳环衬套圈

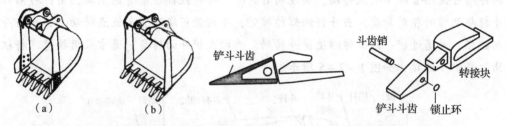

图1-2-7　反铲铲斗的形式　　　　图1-2-8　反铲装置常用铲斗结构
（a）基本形式　（b）加宽式

 | 任务实施 |

让我们按下面的步骤进行本项目的实施操作吧！

## 步骤一　操作前准备

请根据上一章学习掌握的知识，对照表1-2-1对挖掘机进行启动前的检查，并在符合的项中画"√"。

## 步骤二　挖掘机上下坡作业的操作

1. 挖掘机的启动

将启动开关钥匙转到 START 位置，启动发动机。

表1-2-1　挖掘机检查表

设备名称：　　　　设备编号：　　　　年　月

| 分类 | 序号 | 检查项目 | 1 | 2 | 3 | 4 | 5 | 6 | 7 | 8 | 9 | 10 | 11 | 12 | 13 | 14 | 15 | 16 | 17 | 18 | 19 | 20 | 21 | 22 | 23 | 24 | 25 | 26 | 27 | 28 | 29 | 30 | 31 | 现场监督人 |
|---|---|---|---|---|---|---|---|---|---|---|---|---|---|---|---|---|---|---|---|---|---|---|---|---|---|---|---|---|---|---|---|---|---|---|
| 每天行车前必须检查项 | 1 | 检查机油、燃油是否充足 | | | | | | | | | | | | | | | | | | | | | | | | | | | | | | | | | |
| | 2 | 检查冷却液是否充足 | | | | | | | | | | | | | | | | | | | | | | | | | | | | | | | | | |
| | 3 | 检查润滑油是否充足 | | | | | | | | | | | | | | | | | | | | | | | | | | | | | | | | | |
| | 4 | 检查左、右反光镜,后视镜是否清洁完好 | | | | | | | | | | | | | | | | | | | | | | | | | | | | | | | | | |
| | 5 | 检查履带销钉是否窜出 | | | | | | | | | | | | | | | | | | | | | | | | | | | | | | | | | |
| | 6 | 检查铲斗运转是否正常 | | | | | | | | | | | | | | | | | | | | | | | | | | | | | | | | | |
| | 7 | 检查液压系统是否漏油 | | | | | | | | | | | | | | | | | | | | | | | | | | | | | | | | | |
| | 8 | 试车时检查各仪表是否正常 | | | | | | | | | | | | | | | | | | | | | | | | | | | | | | | | | |
| 每周检查项 | 1 | 检查大小臂、底盘是否有裂纹及变形 | | | | | | | | | | | | | | | | | | | | | | | | | | | | | | | | | |
| | 2 | 检查发动机声音是否正常 | | | | | | | | | | | | | | | | | | | | | | | | | | | | | | | | | |
| | 3 | 检查空气滤芯是否清洁 | | | | | | | | | | | | | | | | | | | | | | | | | | | | | | | | | |
| 每月检查项 | 1 | 检查是否到达维修保养时段 | | | | | | | | | | | | | | | | | | | | | | | | | | | | | | | | | |
| | 2 | 检查各路油路是否漏油及磨损 | | | | | | | | | | | | | | | | | | | | | | | | | | | | | | | | | |
| | 3 | 检查液压系统、动力系统运行是否正常 | | | | | | | | | | | | | | | | | | | | | | | | | | | | | | | | | |
| | 4 | 检查电瓶水位是否在高位线与低位线之间 | | | | | | | | | | | | | | | | | | | | | | | | | | | | | | | | | |
| 检查人(驾驶员)签字 | | | | | | | | | | | | | | | | | | | | | | | | | | | | | | | | | | | |
| 检查过程中发现问题及现场监督人员签字 | | | | | | | | | | | | | | | | | | | | | | | | | | | | | | | | | | | |
| 问题处理情况及现场监督人员签字 | | | | | | | | | | | | | | | | | | | | | | | | | | | | | | | | | | | |

备注：1. 填表说明：(1)没有问题打"√",有问题打"×";(2)检查内容分为日检查、周检查、月检查三部分;(3)月检查时必须检查所有项目,周检查时检查周检查项目及日检查项目,每天日检查项,每月每台设备一份检查表,每月1日把上月检查表交到安全环保部备案;(4)每月每台设备带"病"作业,处理后才能进行作业,禁止设备带"病"作业,周检查和月检查必须有现场监督人员参与。

2. 每日检查出的问题必须处理,处理后才能进行作业。

2. 操作要领

爬斜坡时，工作装置一定要位于上坡方向。当坡道泥泞，挖掘机爬坡打滑、牵引力不足时，可利用工作装置辅助爬坡，辅助爬坡有正爬和倒爬两种方式。

（1）正爬。将挖掘机停放在坡下，铲斗抓在坡面上，伸开铲斗油缸和斗杆油缸，使整机前进。在前进中若前桥抬起过高，可伸动臂油缸，使前轮贴紧地面。为了增大牵引力，铲斗可以在坡面上抓深一些。前进中变换铲斗的支撑点时，必须将挖掘机制动，以防其下滑。

（2）倒爬。将挖掘机驶近土坡，转台旋转180°，用铲斗斗齿支撑，收缩斗杆油缸，使挖掘机后退爬坡。若挖掘机后部翘起，可收缩动臂油缸，使挖掘机前部稍起，后部便自然落地。同样，在变换铲斗支撑点时，必须将挖掘机制动。

爬陡坡时，要把工作装置朝前，这样重心就转移到了上坡的方向，增大了爬坡力。图1-2-9所示为爬坡操作。

图1-2-9 爬坡操作

上坡时，先要把铲斗勾在坡面上，同时进行行驶操作和工作装置操作，利用工作装置的力往上爬，接近坡的尽头时，一面用工作装置支撑起车体，一面缓缓地着地。图1-2-10所示为上坡操作。

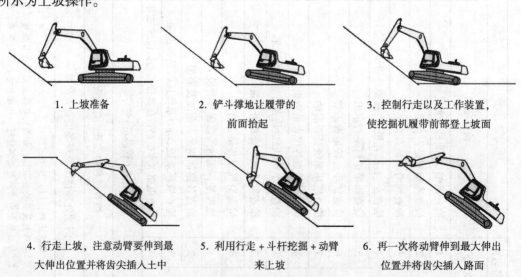

1. 上坡准备    2. 铲斗撑地让履带的    3. 控制行走以及工作装置，
                      前面抬起             使挖掘机履带前部登上坡面

4. 行走上坡，注意动臂要伸到最    5. 利用行走＋斗杆挖掘＋动臂    6. 再一次将动臂伸到最大伸出
  大伸出位置并将齿尖插入土中          来上坡           位置并将齿尖插入路面

图1-2-10 上坡操作

 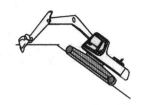 

7. 重复上一步骤　　　8. 接近坡的尽头，齿尖插入路面　　　9. 慢慢爬上坡顶，上坡结束

图1-2-10　上坡操作（续）

　　下坡时，首先把工作装置伸开，使铲斗略高于地面，缓缓地向前移动，当挖掘机将要行驶至坡面尽头时，车体倾斜，铲斗接地，用负荷操作，收进斗杆，提升动臂，一面支撑着车体一面继续前进。图1-2-11所示为下坡操作。

 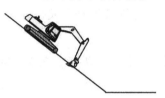 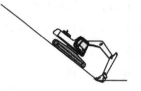

1. 齿尖垂直朝地，180°回转　　　2. 斗杆以垂直状态向前方　　　3. 低速行走，下坡，此时铲斗油缸
　　　　　　　　　　　　　　　　　伸出20°~30°后挖斗接地　　　　　不要进行全部伸出的作业

4. 动臂需要撑地，使履带前　　　5. 利用行走＋斗杆挖掘来下坡　　　6. 下坡结束
　　部向上翘起

图1-2-11　下坡操作

 **注意事项**

　　（1）首先需要认识和了解坡的角度大小，按上坡中速、下坡低速直线行驶，行驶中控制好动臂的高度。

　　（2）本操作是两脚同时轻踩下踏板，控制机器进行上、下坡的操作。在操作中应注意调节好铲斗与坡面的距离。

　　（3）掌握正确的上、下坡动作要领，在实际操作中严格按照规范动作进行操作，安全作业。

## 知识链接　挖掘机的行进操作

1. 向前行走的操作

（1）把安全锁定操纵杆调到自由位置，抬起工作装置并将其抬离地面40~50 cm，如

图 1 - 2 - 12 所示。

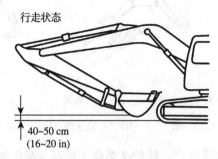

行走状态

40~50 cm
(16~20 in)

图 1 - 2 - 12 正确的行走操作

（2）按下列步骤操作左、右行走操纵杆和行走踏板。

①驱动轮在机器后部时，慢慢向前推操纵杆，或慢慢踩下踏板的前部使机器向前行走，如图 1 - 2 - 13（a）所示。

②驱动轮在机器前部时，慢慢向后拉动操纵杆，或慢慢踩下踏板的后部使机器向前行走，如图 1 - 2 - 13（b）所示。

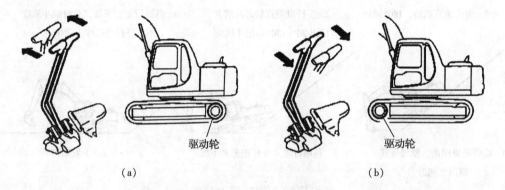

驱动轮

驱动轮

（a）                                （b）

图 1 - 2 - 13 直线行进操作

（a）向前推操纵杆，向前直行 （b）向后拉操纵杆，向后直退

**注意事项**

（1）低温条件时，如果机器行走速度不正常，要进行暖机操作。

（2）如果下体部分被泥土堵塞，机器行走速度不正常，要清除下体部分的污泥。

2. 向后行走的操作

（1）将安全锁定操纵杆调到自由位置，抬起工作装置并将其抬离地面 40 ~ 50 cm。

（2）按下列操作左、右行走操纵杆和行走踏板。

①驱动轮在机器的后部时，慢慢向后拉操纵杆，或踩下踏板的后部使机器向后行走。

②驱动轮在机器的前部时，慢慢向前推操纵杆，或踩下踏板的前部使机器向后行走。

3. 停住行走中的挖掘机的操作

1) 操作方法

把左、右行走杆置于中位，便可停住机器。

2) 注意事项

避免突然停车，停车处要有足够的空间。

## 步骤三　挖掘机找平作业的操作

1. 找平作业要领

（1）找平又叫整平，在一块准备找平的地块上，先目测地面两端的高低度，然后先从地面高的一端找准高程点，向低洼的一端依次找平，最后把高出高程点的土挖去，填在低洼的地方，目测平整后，挖掘机落动臂，将斗杆开到与动臂成45°左右夹角，不要完全打开；将铲斗打开，使铲斗口与斗杆臂杆基本呈水平状态；把铲斗落到地面，收斗杆，抬动臂，把土向后拉；旋转机器，依次一斗挨着一斗地进行找平。最后目测平整，视具体地形情况协调操作动臂、斗杆及铲斗，完成找平工作。机器行驶至工作场地时，应先将机器卧放平稳，如机器不稳应取土垫平地面再将机器停放平稳，如果在找平作业时机器卧放不稳，动臂在下落过程中会造成机器前后颤动，无法掌握斗齿的入土深度，影响找平效果及速度。学员应根据动作要领规范操作，认真观察地表平整度，确定找平基准点，依次进行找平，操作时应一次到位，不能来回反复梳理，应将斗杆行程完全打开，进行扇面找平，扩大工作面积，提高工作效率。

2. 找平作业的方法

找平作业的方法有两种，即用铲刃尖找平作业和用铲斗底面找平作业。

（1）用铲刃尖找平作业，即用铲刃尖在地面上水平移动找平土、石的作业，如图1-2-14所示。为保持铲刃尖水平移动，操作时需要同时操作动臂和斗杆。

具体操作：先伸展斗杆，降下动臂，使铲刃尖与地面垂直。在斗杆达到垂直位置前，一面向近身一侧收斗杆，一面一点一点地提升动臂。斗杆越过垂直位置后，一点一点地降下动臂，如图1-2-15所示。

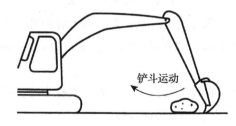

图1-2-14　用铲刃尖找平作业

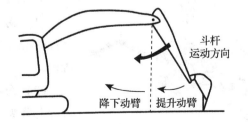

图1-2-15　用铲刃尖找平作业的具体操作

（2）用铲斗底面找平作业，即用铲斗底面在地面上水平移动找平土、石的作业，如图1-2-16所示。为保持铲斗底面水平移动，操作时需要同时操作动臂、斗杆和铲斗。

具体操作：先伸展斗杆，降下动臂，使铲斗底面与地面呈水平状态，然后向近身侧收铲斗杆。在斗杆达到垂直位置之前，收斗杆的同时一点一点地提升动臂，以保持铲斗底面水平移动。当斗杆位置越过垂直位置后，在收斗杆的同时一点一点地降下动臂，且铲斗要一点一点地复位，如图1-2-17所示。铲斗底面找平作业也适用于农田整地作业。

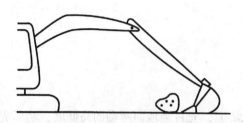 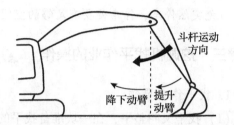

图1-2-16 用铲斗底面找平作业　　1-2-17 用铲斗底面找平作业的具体操作

 | 注意事项 |

（1）在找平作业前，先察看地形、地貌，根据要求确定找平高度。

（2）从一个方向开始依次向另一个方向进行扇面找平。

（3）机器应卧放平稳，保证在操作时不颤动。

（4）机器在后退时，应先确定导向轮方向，再进行操作；如后面地形不利于行走，应用土垫平后再进行倒车。

### 知识链接　挖掘机转向的操作

**1. 停住转向的操作方法**

（1）向左转弯。向前行走时，向前推右行走操纵杆，机器向左转向；向后行走时，往回拉右行走操纵杆，机器向左转向，如图1-2-18所示。

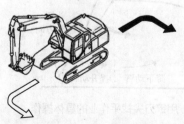

图1-2-18　左转操作

（2）向右转弯。向右转弯时，以同样的方式操作左行走操纵杆。

**2. 行进中改变挖机行走方向的操作方法**

（1）向左转弯。在行进过程中，当需向左转向时，将左行走操纵杆置于中位，机器将向左转，如图1-2-19所示。

（2）向右转弯。在行进过程中，当需向右转向时，将右行走操纵杆置于中位，机器将向右转。

**3. 原地转向的操作方法**

（1）原地向左转弯（图1-2-20）。使机器原地向左转弯时，往回拉左行走操纵杆并向前推右行走操纵杆。

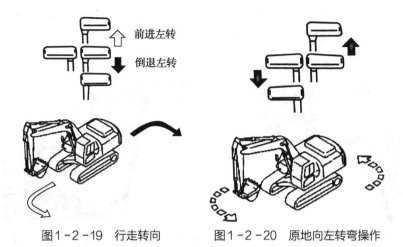

图1-2-19　行走转向　　　　图1-2-20　原地向左转弯操作

（2）原地向右转弯。使机器原地向右转弯时，往回拉右行走操纵杆并向前推左行走操纵杆，即与原地向左转弯操作相反。

## 步骤四　挖掘机刷坡作业的操作

### 1. 刷坡作业要领

根据挖沟的数据要求，把机器卧放在指定位置，先由两侧沟口按层次下挖到数据深度，把余土挖走；按具体坡度工程数据要求进行刷坡，铲斗口与斗杆呈水平状态，从上口开始作业，落动臂、收斗杆，依次下刷；如果刷左边，则上体部分往左边旋转；刷右边，则上体部分往右边旋转。根据坡度数据要求由上至下直到沟底角，最后清除沟底废土并找平沟底，以此类推。

进行平面修整时应将挖掘机机体平放在地面上，防止机体摇动，要把握动臂与斗杆之间动作的协调性，控制两者的速度对平面修整至关重要。

工作面平整应使用平刃铲斗。如果工作面是由填土形成的，则用铲斗底对地面稍加推压，一面保持一定的铲斗角度，一面提升动臂收斗杆，如图1-2-21所示。

如果工作面是天然地面，平整时用铲刃浅浅地挖掘，如图1-2-22所示。如果工作面在挖掘机的上方，应使铲斗底部的角度与工作面的坡度

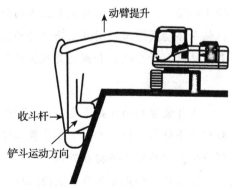

图1-2-21　由填土形成的工作面的修整操作

一致，然后一面保持铲斗角0°，一面降动臂收斗杆，用铲斗刃尖铲削。铲斗角过大时，刃尖会切入工作面，使铲削过度，因此保持好铲斗角度很重要。来不及修正铲斗角时，可暂

时停止动臂、斗杆的动作，待修正好角度后再继续作业，如图1-2-23所示。

粗略平整时，斗杆操纵杆使用全行程，作业速度快；精平整时，则用50%的行程；细平整时，应使发动机转速控制在全速的50%~70%进行超微操作。

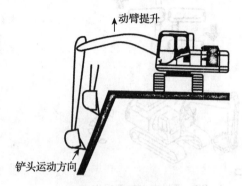

图1-2-22 天然地面工作面的平整

图1-2-23 工作面在挖掘机上方时的平整操作

 | 注意事项 |

(1) 在施工前掌握地形及其相关数据，如上口宽度、深度、坡比、甩土距离等。

(2) 行车时，应首先确定周围环境是否符合行车要求，确定导向轮位置后操纵行车踏板或操纵杆进行行驶操作。

(3) 不进行行车操作时，脚不要踏在行车踏板上。

(4) 在车辆准备后退时，观察坡度是否符合要求，以免机器后退后，再返回作业。

### 知识链接 挖掘机工作装置的操作

挖掘机挖掘作业过程中，工作装置主要有铲斗转动、4杆收放、动臂升降和转台回转等4个动作。作业操纵系统中工作油缸的推拉和液压马达的正、反转，绝大多数是采用三位轴向移动式滑阀控制液压油流动的方向来实现的；作业速度是根据液压系统的形式（定量系统或变量系统）和阀的开度大小等由操作人员控制，或者通过辅助装置控制。

1. 操作方法

工作装置的动作是由左、右两侧的工作装置操纵杆控制和操作的。左侧工作装置操纵杆操作斗杆和回转；右侧工作装置操纵杆操作动臂和铲斗。松开操纵杆时，它们会自动回到中位，工作装置保持在原位。

机器处于静止且工作装置操纵杆位于中位时，由于自动降速功能的作用，即使燃油控制旋钮调到MAX位置，发动机转速也保持在中速。

2. 回转时的操作

1) 操作方法

进行回转操作时，应按以下步骤进行。

（1）在开始回转操作以前，将回转操作开关置于OFF位置（图1-2-24），并检查回转锁定指示灯是否已熄灭。

（2）操作左侧工作装置操纵杆进行回转操作。

（3）不进行回转操作时，将回转操作开关置于SWINGLOCK位置（图1-2-25），以锁定上部车体。回转锁定指示灯应同时亮。

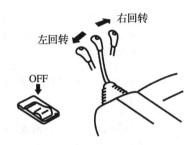
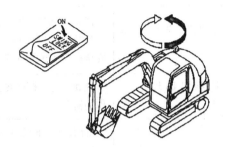

图1-2-24　回转操作开关　　　　　图1-2-25　回转操作

2）注意事项

（1）每次回转操作之前，按下喇叭开关，防止意外发生。

（2）机器的后部在回转时会伸到履带外侧，在回转上体部分前，要检查周围区域是否安全。

3. 蓄能器

蓄能器是用于工作时储存机器控制回路中压力的装置。发动机关闭后，在短时间内通过操作控制杆可释放蓄能器储存的压力，通过操作控制回路，使工作装置在自重作用下降至地面。蓄能器安装在液压回路的六联电磁阀的左端。装有蓄能器的机器控制管路的卸压方法如下。

（1）把工作装置降至地面，然后关闭破碎器或其他附件。

（2）关闭发动机。

（3）把启动开关的钥匙转到ON位置，以使电路中的电流流动。

（4）把安全锁定操纵杆调到松开位置，然后全行程前、后、左、右操作工作装置操纵杆以释放控制管路中的压力。

（5）把安全锁定操纵杆调到锁定位置，以锁住操纵杆和附件踏板。

（6）此时压力并不能被完全释放。若拆卸蓄能器，应渐渐松开螺栓。操作人员切勿站在油的喷射方向前面。

蓄能器内充有高压氮气，操作不当有造成爆炸的危险，会导致严重的伤害或损坏。操作蓄能器时，须注意：①若控制管路内的压力不能被完全释放，拆卸液压装置时，不要站在油喷出的方向，要慢慢松开螺栓；②不要拆卸蓄能器；③不要把蓄能器靠近明火或暴露在火中；④不要在蓄能器上打孔或进行焊接操作；⑤不要碰撞、挤压蓄能器；⑥处置蓄能器时，须排放气体，以消除安全隐患，处置时应与挖掘机经销商联系。

**过程考核评价**

| 项目二　挖掘机刷坡作业的操作技巧 |||||||
|---|---|---|---|---|---|---|
| 学员姓名 || 学号 || 班级 || 日期 |
| 项目 | 考核项目 | 考核要求 | 配分 | 评分标准 || 得分 |
| 知识目标 | 挖掘机安全操作要求 | 能清晰描述挖掘机操作安全注意事项及安全标识表示的含义 | 20 | 挖掘机操作安全注意事项描述不清楚，扣10分；每认错一项安全标识，扣2分 || |
| | 挖掘机刷坡操作步骤 | 能准确描述刷坡操作的流程 | 10 | 刷坡操作流程叙述不清楚，扣10分 || |
| 能力目标 | 刷坡作业操作 | 能使挖掘机正确前进 | 10 | 不能使挖掘机正确前进，扣10分 || |
| | | 能使挖掘机正确后退 | 10 | 不能使挖掘机正确后退，扣10分 || |
| | | 能停住行走的挖掘机 | 10 | 不能停住行走的挖掘机，扣10分 || |
| | | 能熟练进行刷坡操作 | 10 | 不能熟练进行刷坡操作，扣10分 || |
| | | 能熟练进行甩土操作 | 10 | 不能熟练进行甩土操作，扣10分 || |
| 方法及社会能力 | 过程方法 | （1）学会自主发现、自主探索的学习方法；（2）学会在学习中反思、总结，调整自己的学习目标，在更高水平上获得发展 | 10 | 能在工作中反思，有创新见解，有自主发现、自主探索的学习方法，酌情得5~10分 || |
| | 社会能力 | 小组成员间团结协作共同完成工作任务，养成良好的职业素养（如工作服穿戴整齐、保持工位卫生等） | 10 | （1）工作服穿戴不全，扣5分；（2）工位卫生情况差，扣5分 || |
| | 实训总结 | 完成本次工作任务的体会（学到哪些知识，掌握哪些技能，有哪些收获）： ||||| |
| | 得分 | ||||| |

## 工作小结

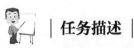
项目三 挖掘机破碎作业的操作技巧

### 任务描述

液压破碎锤，又叫液压破碎器或液压碎石器，它能在挖掘建筑物基础的过程中更有效地清理浮动的石块和岩石缝隙中的泥土。液压破碎锤如图1-3-1所示。

液压破碎锤已经成为液压挖掘机的一个重要作业工具，也有人将液压破碎锤安装在挖掘装载机（又称"两头忙"）或轮式装载机上进行破碎作业。

在矿山开采、隧道掘进、道桥拆毁、旧城改造、旧建筑拆除、道路基础开挖等工作场合中，都需要液压破碎锤进行破碎作业，如图1-3-2所示。

图1-3-1 液压破碎锤 　　　　　　图1-3-2 破碎作业

在进行破碎作业之前，让我们来学习一下挖掘机的液压控制系统都有什么特征吧！

### 知识储备 液压控制系统

**1. 液压系统概述**

挖掘机的液压系统是按照挖掘机工作装置和各个机构的传动要求，把各种液压元件用管路有机地连接起来的组合体。其功能是以液体为工作介质，利用液压泵将发动机的机械能转变为液压能并进行传送，然后通过液压缸和液压马达等，将液压能再转换为机械能，实现挖掘机的各种动作。用液体作为工作介质来传递能量和进行控制的传动方式称为液压传动。

**2. 液压传动系统的组成**

液压传动是以液体作为工作介质来进行工作的，一个完整的液压传动系统应由以下几部分组成。

（1）能源装置，又称动力元件，是把机械能转化成液体压力能的装置，常见的是液压泵。

（2）执行装置，又称执行元件，是把液体压力能转化成机械能的装置，一般常见的形式是液压缸和液压马达。

（3）控制调节装置，又称控制元件，是对液体的压力、流量和流动方向进行控制和调节的装置。这类元件主要包括各种控制阀或由各种阀构成的组合装置。这些元件的不同组合，组成了能完成不同功能的液压传动系统。

（4）辅助装置，又称辅助元件，指以上三种组成部分以外的其他装置，如各种管接件、油管、油箱、过滤器、蓄能器、压力表等，起连接、输油、储油、过滤、储存压力能和测量等作用。

（5）传动介质，指能传递能量的液体，如各种液压油、乳化液等。

3. 工作过程

单斗液压挖掘机的工作过程包括下列几个非连续性的运动：动臂升降、斗杆收放、铲斗转动、转台回转、整机行走和其他辅助运动，如图1-3-3所示。通过动臂、斗杆、铲斗和转台的运动，可实现挖掘作业，液压挖掘机的一个作业循环如图1-3-4所示。另外，整机行走可以改变停机点。液压挖掘机的辅助动作主要有支腿收放、车辆转向等。

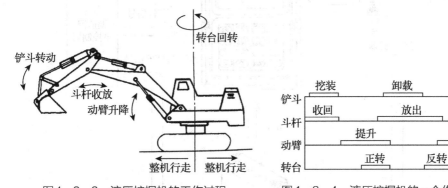

图1-3-3　液压挖掘机的工作过程　　　　图1-3-4　液压挖掘机的一个作业循环

液压挖掘机的各种运动，是靠液压挖掘机液压系统中的动臂液压回路、铲斗液压回路、斗杆液压回路、回转马达液压回路、行走马达液压回路来完成的。

 **｜任务实施｜**

让我们按下面的步骤进行本项目的实施操作吧！

## 步骤一　上下平板操作

1. 启动前检查

（1）检查工作装置、油缸、连杆、软管是否有裂纹、损坏、磨损或游隙。

（2）检查发动机周围是否有漏水、漏油痕迹，冷却系统是否漏水。

（3）检查仪表、监控器是否损坏，螺栓是否松动；检查驾驶室内的仪表和监控器是否损坏。

（4）检查冷却液的液位。

2. 启动挖掘机

启动开关钥匙转到 START 位置，启动发动机。

 **知识链接　多功能监控器——监控器面板**

监控器系统利用安装在挖掘机各部分的传感器监测挖掘机的状态。监控器系统处理接收到的信息并立即将其显示在仪表盘上，通知操作者挖掘机的状况。图 1-3-5 为监控器系统。

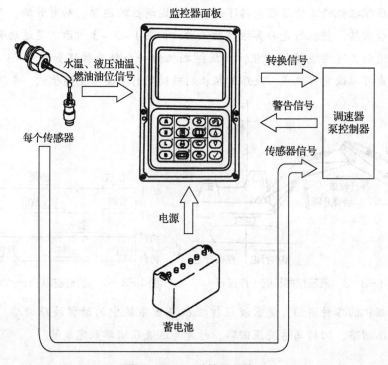

图 1-3-5　监控器系统

挖掘机的机器监控器仪表盘大概分成以下两部分：监控器部分，机器有故障时输出报警；仪表部分，显示冷却液温度、液压油温、燃油油位等。

监控器面板有监控显示、工作模式选择以及电气元件的开关功能。内部装有中央处理器（CPU），可处理、显示和输出数据。监控器显示装置由液晶显示器（LCD）组成。另外，开关设计为平面式开关，如图 1-3-6 所示。

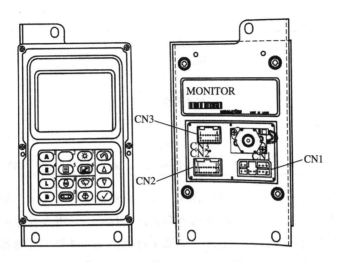

图1-3-6 监控器面板

监控器各插销针脚信息（输入/输出信号）见表1-3-1。

表1-3-1 监控器各插销针脚信息

| CN1 | | | CN2 | | | CN3 | | |
|---|---|---|---|---|---|---|---|---|
| 针脚号 | 信号名称 | 输入/输出 | 针脚号 | 信号名称 | 输入/输出 | 针脚号 | 信号名称 | 输入/输出 |
| 1 | 钥匙打开 | 输入 | 1 | 发动机水温 | 输入 | 1 | NC | 输入 |
| 2 | 钥匙打开 | 输入 | 2 | 燃油油位 | 输入 | 2 | NC | 输入 |
| 3 | 洗涤器马达输出 | 输出 | 3 | 散热器水位 | 输入 | 3 | NC | 输入 |
| 4 | 启动信号 | 输入 | 4 | 液压油油位 | 输入 | 4 | NC | 输入 |
| 5 | 限制开关（W） | 输入 | 5 | 空气滤清器堵塞 | 输入 | 5 | NC | 输入 |
| 6 | 接地 | — | 6 | NC | 输入 | 6 | NC | 输入 |
| 7 | 接地 | — | 7 | 机油压力 | 输入 | 7 | RS230C CTS | 输入 |
| 8 | VB + | 输入 | 8 | 机油油位 | 输入 | 8 | RS230C RXD | 输入 |
| 9 | 雨刷器电动机（+） | 输出 | 9 | N/W信号 | 输入/输出 | 9 | RS230C RXD | 输入/输出 |
| 10 | 雨刷器电动机（-） | 输出 | 10 | N/W信号 | 输入/输出 | 10 | RS230C RXD | 输入/输出 |
| 11 | 蜂鸣器打开信号 | 输入 | 11 | 蓄电池充电 | 输入 | 11 | BOOTSW | 输入 |
| 12 | 限制开关（P） | 输入 | 12 | 液压油温度（近似） | 输入 | 12 | NC | 输入 |

（续）

| CN1 | | CN2 | | CN3 | |
|---|---|---|---|---|---|
| | 13 | 接地（用于近似信号） | — | 13 | 接地 | — |
| | 14 | 蜂鸣器驱动 | 输入 | 14 | CAN（屏蔽） | 输入 |
| | 15 | 限制开关（窗户） | 输入 | 15 | CAN（+） | 输入 |
| | 16 | 蜂鸣器取消 | 输入 | 16 | CAN（-） | 输入 |

高质量的设备管理和监测系统（EMMS）具有异常状态情况显示及检测功能，可全面监控发动机的转速、冷却液温度、机油压力和燃油油位等，具有自我诊断、故障自动报警显示、维护保养信息自动提示和历史故障记录等功能，还可根据需要选择作业优先的快速模式或以节省燃油为优先的经济模式。在快速模式中，由于采用大功率发动机和小松系列独有的压力补偿式闭式负荷感应系统（CLSS）液压系统，最大限度地减少了发动机功率的损耗，使挖掘机的作业量提高了8%。由于发动机的转速能自动调节，可使油耗节省10%，实现了低振动、低噪声作业，操作舒适性达到了最佳水准。图1-3-7为小松PC系列挖掘机机器监控器的控制面板及功能。

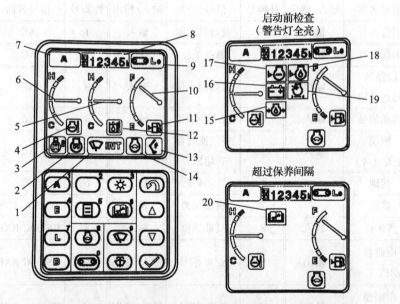

图1-3-7 小松PC系列挖掘机机器监控器的控制面板及功能

1—雨刷器电动机；2—预热监控器；3—回转锁定监控器；4—发动机水温监控器；5—液压油温度计；

6—发动机水温计；7—工作模式监控器；8—工作小时计数器；9—行走速度监控器；10—燃油计；

11—燃油油位监控器；12—液压油温度监控器；13—触式功率增强器；14—自动降速；

15—机油压力报警；16—蓄电池充电报警；17—散热器水位报警；18—机油位报警；

19—空气滤清器堵塞；20—保养时间报警

3．操作要领

1）挖掘机上板车

把铲斗底部平放于板车大梁处，慢落动臂的同时慢开斗杆（铲斗不能在板车上来回滑动），使机器前端抬起，然后收斗杆行走（行走前一定要确定导向轮的前后位置），机器行走至大约整个链板的 1/3 处，如图 1 - 3 - 8 所示，支起机器后退，如图 1 - 3 - 9 所示。

图 1 - 3 - 8 链板的 1/3 处　　　　图 1 - 3 - 9 支起机器后退

抬起动臂旋转至机器另一端，慢落动臂的同时慢开斗杆，将铲斗端平，支起机器使其呈水平状态，然后行走（行走前一定要确定导向轮的前后位置）开斗杆，使机器完全行走到板车上，收斗杆、铲斗，落动臂到规范动作位置，如图 1 - 3 - 10 所示。

2）挖掘机下板车

把铲斗底部平放在地面上，斗杆打开到大约 45°，机器向前行走（行走前一定要确定导向轮的前后位置）同时配合收斗杆至链板剩 1/3 时，慢抬动臂，慢收斗杆，使机器前端慢慢落到地面上，如图 1 - 3 - 11 所示；抬起动臂至机器另一端，把铲斗端平放到板车大梁处，然后行走（行走前一定要确定导向轮的前后位置）开斗杆，使链板脱离板车（铲斗不能在板车上来回滑动），如图 1 - 3 - 12 所示；慢抬动臂，慢收斗杆，使机器平稳落在地面上，完成挖掘机上、下板车的操作，如图 1 - 3 - 13 所示。

图 1 - 3 - 10 收斗杆、铲斗　　　　图 1 - 3 - 11 动臂打开

图 1 - 3 - 12 链板脱离板车　　　　图 1 - 3 - 13 下车完成

⭐━┃注意事项┃

（1）机器在上、下板车时，动臂、斗杆操作动作不协调，会造成铲斗推铲路面和板车，损坏车辆与道路；也会造成在上、下板车时机器不稳，带来安全隐患，因此要求驾驶员熟练掌握上、下板车的动作操作要领。

（2）机器在上、下板车时，支臂行走如果带动旋转，极易使链板转出板车造成侧翻摔车，从而导致车辆的损坏和人员的伤亡，在操作时应特别注意。

（3）机器在旋转过程中，应仔细观察周围环境，是否有人员、车辆等障碍物，对机器周围环境做到心中有数，不碰、不刮、不砸，安全操作上、下板车作业。

（4）机器在上、下板车行走时要特别注意，一定要在确定导向轮所在的前后位置以后再进行操作，否则会造成摔车等安全事故的发生，带来人员伤亡和经济损失。

### 🖥 知识链接　多功能监控器——机器监控器的基本操作

机器监控器的显示面板有启动前检查面板、定期保养警告面板、正常操作面板、警告面板和故障面板。

正常情况下，启动发动机前，监控器面板显示的是基本检查项目。如果启动发动机时发现异常情况，那么启动前检查面板会转换到定期保养警告面板、警告面板或故障面板。此时，启动前检查面板的显示时间为 2 s，2 s 后便转换到定期保养警告面板、警告面板和故障面板。监控器面板的转换过程如图 1-3-14 所示。

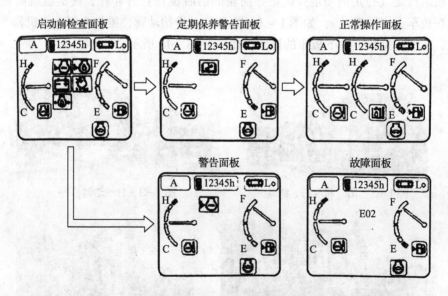

图 1-3-14　启动发动机发现异常时监控器面板的转换过程

⚡ | 注意事项 |

　　监控器灯亮且为红色，要尽快停止操作并对相应位置进行检查和保养。如果忽视警告，会使机器发生故障。各监控灯在不同情况下点亮时显示的颜色见表1-3-2。

表1-3-2　各监控灯在不同情况下点亮时显示的颜色

| 监控器类型 | 监控器灯亮时显示的颜色 | | |
| --- | --- | --- | --- |
| | 正常时 | 异常时 | 低温时 |
| 散热器水位监控器 | OFF | 红色 | — |
| 机油油位监控器 | OFF | 红色 | — |
| 保养监控器 | OFF | 红色 | — |
| 充电电位监控器 | OFF | 红色 | — |
| 燃油油位监控器 | 绿色 | 红色 | — |
| 空气滤清器堵塞监控器 | OFF | 红色 | — |
| 发动机水温监控器 | 绿色 | 红色 | 白色 |
| 液压油温度监控器 | 绿色 | 红色 | 白色 |
| 机油压力监控器 | OFF | 红色 | — |

　　1）发动机运转时的检查项目

　　发动机运转时的检查项目主要包括充电电位监控器、燃油油位监控器、空气滤清器堵塞监控器、发动机水温监控器和液压油温度监控器。如果出现异常，面板上立即显示需要检查与修理的项目，并且与异常部位有关的监控器指示灯亮且为红色。

　　（1）充电电位监控器。该监控器用于警告发动机运转时充电系统的异常情况。如果发动机运转时蓄电池没有被正常充电，监控器指示灯亮且为红色。当监控器指示灯亮且为红色时，要检查V带是否松弛。

⚡ | 注意事项 |

　　（1）当启动开关在ON位置时，指示灯持续发亮。一旦发动机启动，交流发电机即对蓄电池充电，指示灯熄灭。

　　（2）启动开关在ON位置且启动或停止发动机时，指示灯会亮，蜂鸣器也会暂时鸣响，但这并不表示有异常。

　　（2）燃油油位监控器。该监控器用于警告燃油箱中的油位处于低位。如果剩余的燃油量下降到不足41 L，指示灯由绿色变为红色，此时要尽快加油。

　　（3）空气滤清器堵塞监控器。该监控器用于警告空气滤清器已堵塞。如果监控器指示灯亮且为红色，要关闭发动机，检查和清洗空气滤清器。

（4）发动机水温监控器。在低温时，该监控器的指示灯亮且为白色。此时，要进行暖机操作。在监控器指示灯变为绿色前，不要开始作业，应继续进行暖机操作，否则会对发动机造成伤害。

（5）液压油温度监控器。在低温时，该监控器的指示灯亮且为白色，此时要进行暖机操作。

2）紧急停止项目

发动机运转时，注意观察发动机水温监控器、液压油温度监控器和机油压力监控器。如有异常，与异常部位有关的监控器指示灯亮且为红色，同时蜂鸣器报警，此时要立刻采取相应的措施。

（1）发动机水温监控器。如果在作业中发动机水温异常，该监控器的指示灯变为红色。此时，应停止所有操作，"发动机过热防止功能"会自动启动，直至监控器的指示灯变为绿色才允许继续工作，否则将损伤发动机，缩短发动机的使用寿命。

（2）液压油温度监控器。如果在操作过程中液压油油温过高，监控器指示灯亮且为红色。此时，应以低怠速运转发动机或关闭发动机，等油温降下来，监控器指示灯变为绿色后才可继续作业。

（3）机油压力监控器。当发动机润滑油压力降到低于正常水平时，监控器指示灯亮且为红色。此时，要关闭发动机并检查润滑系统及油底壳中的油位。

**注意事项**

当启动开关在ON位置时，机油压力监控器指示灯亮，发动机启动以后，此灯熄灭。当发动机启动时，蜂鸣器暂时鸣响，但这属正常现象。

## 步骤二　破碎作业

操作要领：先把锤斗垂直放在待破碎的物体上；开始破碎作业时，将前部车体抬起大约5 cm；破碎时，破碎头要一直压在破碎物上，破碎物被破碎后应立即停止破碎操作；振动会使锤头垂直于破碎物体，如图1-3-15所示。

注意：严禁边回转边破碎、锤头插入后扭转、水平或向上使用液压锤及将液压锤当凿子用。

破碎作业的操作步骤如下。

（1）把破碎头垂直放在要破碎的物体上，如图1-3-16所示。

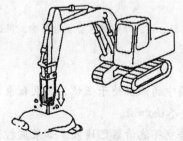 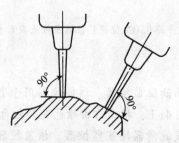

图1-3-15　破碎作业　　　图1-3-16　将锤头垂直放在要破碎的物体上

（2）当开始破碎作业时，把前车体抬起大约 5 cm，但不要抬起过高，如图 1 - 3 - 17 所示。

（3）锤头要一直压在破碎物上。当破碎物没有被破碎时，不要操作锤头。破碎物被破碎后应马上停止破碎作业，如图 1 - 3 - 18 所示。

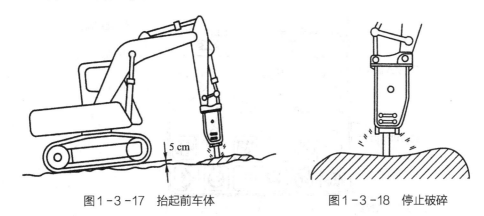

图 1 - 3 - 17　抬起前车体　　　　　　　　图 1 - 3 - 18　停止破碎

（4）在破碎作业过程中，锤头破碎方向和破碎器的方向将逐渐改变而不在一条直线上，所以应一直调整铲斗油缸保证两者在一条直线上，如图 1 - 3 - 19 所示。

（5）当锤头打不进破碎物时，应改变破碎位置。在一个地方持续破碎不要超过 1 min，否则不仅锤头会损坏，而且油温会异常升高。对于坚硬的物体，要从边缘开始破碎，如图 1 - 3 - 20 所示。

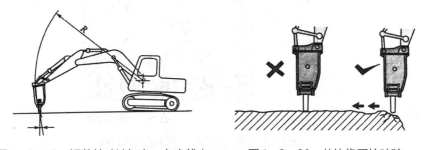

图 1 - 3 - 19　调整铲斗油缸在一条直线上　　　图 1 - 3 - 20　从边缘开始破碎

 **知识链接　多功能监控器——仪表显示部位**

1. 先导显示

当启动开关在 ON 位置时，正在起作用的项目为先导项目，其监控指示灯点亮，如图 1 - 3 - 21 所示。

2. 仪表

（1）发动机水温计。发动机水温计用于显示发动机冷却液的温度。正常操作时，指针处于黑色区域内。如果在操作过程中，指针进入红色区域，过热防止功能将自动启动。过热防止系统的工作过程：当指针进入红色区域Ⓐ时，发动机水温监控器指示灯亮且为红色；当指针进入红色区域Ⓑ时，发动机转速自动降至低怠速，发动机水温监控器指示灯亮且为红色，同时蜂鸣器鸣响。在指针回到黑色区域前，过热防止功能保持作用状态。发动机水温表的指示过程如图1-3-22所示。

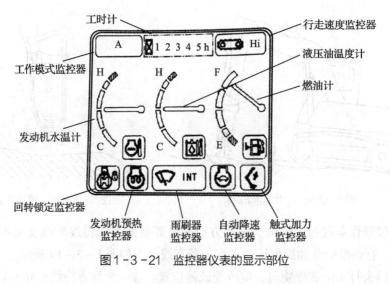

图1-3-21 监控器仪表的显示部位

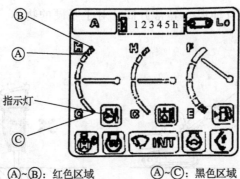

Ⓐ~Ⓑ：红色区域    Ⓐ~Ⓒ：黑色区域

图1-3-22 发动机水温计的指示过程

当启动发动机时，如果指针在位置Ⓒ，发动机水温监控器指示灯亮且为白色。此时，应进行预热操作，直到指针进入黑色区域。当发动机水温监控器指示灯变为绿色时，才可进行作业操作。

（2）燃油计。燃油计用于显示燃油箱中的油位。在作业过程中，指针应在黑色区域内。如果在作业过程中指针进入红色区域Ⓐ，表示燃油箱内所剩的燃油不足100 L，此时要进行检查并补充燃油。如果指针进入红色区域Ⓑ，表示所剩燃油不足41 L。当指针进入Ⓐ~Ⓑ的红色区域时，燃油油位监控器指示灯亮且为红色，如图1-3-23所示。当把启动开关转到ON位置时，短时间内不能显示出正确的油位，这属正常现象。

（3）液压油温度计。液压油温度计用于显示液压油的温度。在操作过程中，指针应在黑色区域内，此时液压油温度监控器灯亮且为绿色。如果在作业过程中，指针进入红色区域Ⓐ，表示液压油的温度已达到102℃以上。此时应关闭发动机或以低怠速运转，待液压油温度下降，指针进入黑色区域内才能继续作业。

当指针指在Ⓐ~Ⓑ的红色区域时（图1-3-24），液压油的温度如下：红色区域Ⓐ高于102℃；红色区域Ⓑ高于105℃。当指针在Ⓐ~Ⓑ的红色区域时，液压油温度监控器指示灯亮且为红色。

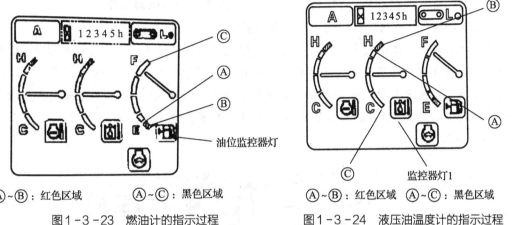

Ⓐ~Ⓑ：红色区域　　Ⓐ~Ⓒ：黑色区域　　　　Ⓐ~Ⓑ：红色区域　　Ⓐ~Ⓒ：黑色区域

图1-3-23　燃油计的指示过程　　　　　　　图1-3-24　液压油温度计的指示过程

启动发动机时，如果指针指在Ⓒ位置，液压油温度在25℃以下，液压油温度监控器指示灯亮且为白色，这时要进行预热。

（4）工时计。工时计用于显示发动机总的工作时间，与发动机的转速无关。当发动机启动后，即使挖掘机没有工作、移动，工时计也在计时。每工作1h，工时计上的数量增加1。应根据此工时计进行周期保养工作。

3. 监控器开关

监控器共有工作模式选择开关、自动降速开关、行走速度选择开关等12个控制开关，如图1-3-25所示。

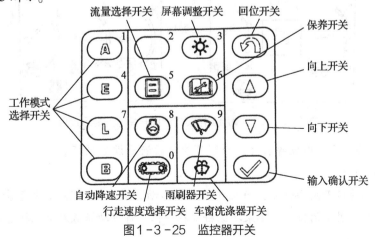

图1-3-25　监控器开关

1) 工作模式选择开关

该开关用于设定工作装置的功率和作业模式。通过选择与工作条件相匹配的模式，可以使操作更轻便、容易。

小松 PC 系列挖掘机的工作模式共有 A、E、L、B 四种。

A 模式：快速作业模式，适用于大负荷挖掘与装载作业或快速作业。

E 模式：经济作业模式，适用于注重节约燃油的操作。

L 模式：微操作作业模式，适用于起吊、平整等需精确控制的操作。

B 模式：破碎作业模式，适用于破碎器的操作。

发动机启动时，工作模式被自动设定为 A 模式。当按下模式选择开关时可选择其他工作模式，此时在监控器显示部位显示相应的工作模式符号。图 1-3-26 中黑色箭头所指的是工作模式在显示器中的显示部位，如果按下模式选择开关"E"，工作模式在监控器显示部位的中心显示，2 s 后屏幕恢复到正常显示屏幕，左上角显示部位显示"E"，如图 1-3-27 所示。

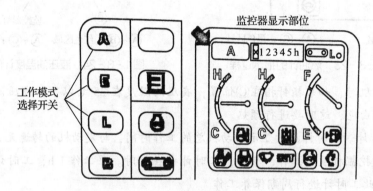

图 1-3-26 工作模式选择开关及显示部位

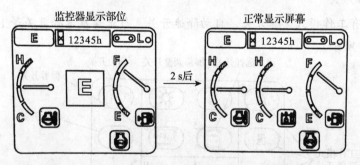

图 1-3-27 使用工作模式选择开关时的显示过程

禁止在 A 模式下使用破碎装置，否则可能导致液压设备损坏。

2) 自动降速开关

当按下自动降速开关按钮时，自动降速功能启动。图 1-3-28 中黑色箭头所指的是自动降速开关在显示器中的位置。如果操纵杆处在中位，将自动降低发动机转速以减少油耗。

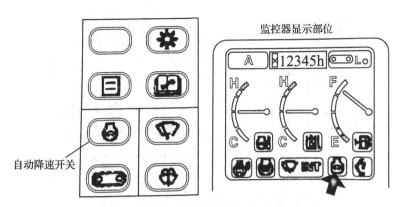

图1-3-28　自动降速开关及显示部位

自动降速开关显示 ON：启动自动降速功能。

自动降速开关显示 OFF：解除自动降速功能。

当按下自动降速开关时，自动降速功能在启动与解除之间转换。当按下自动降速开关时，自动降速功能启动，此时在监控器显示部位的中心显示相应模式的符号，2 s后屏幕恢复到正常显示屏幕，如图1-3-29所示。

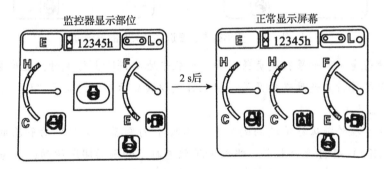

图1-3-29　使用自动降速开关时的显示过程

3）行走速度选择开关

此开关按行走速度分为 Lo（低速）、Mi（中速）、Hi（高速）三挡。

Lo（低速）挡：低速行走，时速3.0 km/h。

Mi（中速）挡：中速行走，时速4.1 km/h。

Hi（高速）挡：高速行走，时速5.5 km/h。

启动发动机时，行走速度被自动设定为 Lo 挡。图1-3-30中黑色箭头所指的是行走速度选择开关在显示器中的显示部位。

当按下行走速度选择开关时，行走速度在低速、中速、高速间转换，此时，在监控器显示部位的中心显示相应模式的符号，2 s后屏幕恢复到正常显示屏幕，如图1-3-31所示。

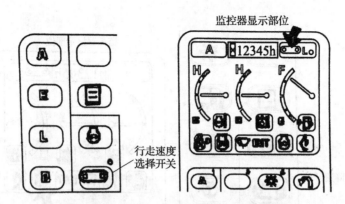

图1-3-30 行走速度选择开关及显示部位

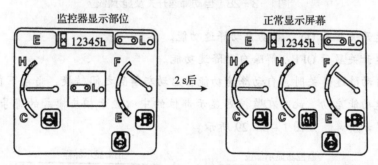

图1-3-31 使用行走速度选择开关时的显示过程

当以高速行走时，如果行走负荷增加，如从平地向斜坡上行走时，速度会自动转换到中速，不需要操作行走速度选择开关，但此时监控器显示部位仍显示"Hi"。

4）雨刷器开关

该开关用于操作前风挡玻璃的雨刷器。当按下雨刷器开关时，雨刷器的工作状态在INT—ON—（OFF）—INT之间切换。当为INT状态时，雨刷器间歇运动；当为ON状态时，雨刷器连续运动；当为OFF状态时，雨刷器停止运动。每次操作雨刷器开关时，监控器显示部位的中心都会显示相应模式的符号，2 s后屏幕恢复到正常显示屏幕。

5）车窗洗涤器开关

该开关控制车窗洗涤液的喷射。按下该开关，车窗洗涤液喷在前风挡玻璃上；松开此开关，喷射停止。当雨刷器停止动作时，如果持续按住此开关，将喷出车窗洗涤液，同时雨刷器连续动作；当松开该开关时，雨刷器将继续操作2个循环，然后停止工作。

当雨刷器间歇动作时，如果持续按下该开关，车窗洗涤液将喷出，同时雨刷器连续动作；当松开该开关时，雨刷器将继续操作2个循环，然后恢复间歇动作。

6）保养开关

保养开关用于检查距下次保养的时间。按下保养开关时，监控器显示屏转换成保养屏，如图1-3-32所示。指示灯为白色表示距下次保养还剩30 h以上；指示灯为黄色表示距下次保养还剩不足30 h；指示灯为红色表示已过保养期。确定保养时间以后，要按时进行保养。

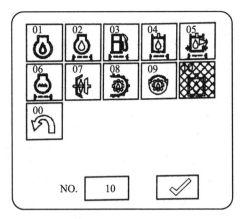

图1-3-32    保养屏中显示的项目

7）流量选择开关

该开关用于设定工作模式 A、E 或 B 的流量。注意，只有安装了破碎器、液压剪等附件才能进行流量设定。

8）回位开关

在保养模式、亮度/对比度调节模式或流量选择模式时，按下此开关，屏幕将恢复到前一状态。

9）向上开关、向下开关

在保养模式、亮度/对比度调节模式或流量选择模式时，按下向上开关或向下开关以便上、下、左、右地移动监控器显示器上的光标（转换所选择监控器的颜色）。

10）输入确认开关

在保养模式、亮度/对比度调节模式或流量选择模式时，按下此开关可以确认所选择的模式。

11）屏幕调节开关

按下此开关以调节监控器显示屏幕的亮度和对比度。

 **|过程考核评价|**

| 项目三    挖掘机破碎作业的操作技巧 | | | | | | |
|---|---|---|---|---|---|---|
| 学员姓名 | | 学号 | | 班级 | | 日期 | |
| 项目 | 考核项目 | 考核要求 | 配分 | 评分标准 | | 得分 |
| 知识目标 | 挖掘机安全操作要求 | 能清晰描述挖掘机操作安全注意事项及安全标识表示的含义 | 20 | 挖掘机操作安全注意事项描述不清楚，扣 10 分；每认错一项安全标识，扣 2 分 | | |
| | 挖掘机破碎作业操作步骤 | 能准确描述破碎作业操作步骤 | 10 | 破碎作业操作步骤叙述不清楚，扣 10 分 | | |

（续）

| 项目 | 考核项目 | 考核要求 | 配分 | 评分标准 | 得分 |
|------|----------|----------|------|----------|------|
| 能力目标 | 破碎作业操作 | 能使挖掘机正确前进 | 10 | 不能使挖掘机正确前进，扣10分 | |
| | | 能使挖掘机正确后退 | 10 | 不能使挖掘机正确后退，扣10分 | |
| | | 能停住行走的挖掘机 | 10 | 不能停住行走的挖掘机，扣10分 | |
| | | 能熟练进行破碎作业操作 | 20 | 不能熟练进行破碎作业操作，扣20分 | |
| 方法及社会能力 | 过程方法 | （1）学会自主发现、自主探索的学习方法；（2）学会在学习中反思、总结，调整自己的学习目标，在更高水平上获得发展 | 10 | 能在工作中反思，有创新见解，有自主发现、自主探索的学习方法，酌情得5~10分 | |
| | 社会能力 | 小组成员间团结协作共同完成工作任务，养成良好的职业素养（如工作服穿戴整齐、保持工位卫生等） | 10 | （1）工作服穿戴不全，扣5分；（2）工位卫生情况差，扣5分 | |
| 实训总结 | | 完成本次工作任务的体会（学到哪些知识，掌握哪些技能，有哪些收获）： | | | |
| 得分 | | | | | |

**工作小结**

## 项目四 挖掘机的日常检查与维护

 **任务描述**

在挖掘机的使用和保管过程中，由于机件磨损、自然腐蚀和老化等原因，其技术性能将逐渐变差，因此，必须及时对其进行保养和修理。挖掘机保养的目的是保证挖掘机维持正常的技术状态，保持良好的使用性能和可靠性，延长使用寿命；减少油料和器材消耗；减少机器故障，保证行驶和作业安全，提高经济效益和社会效益。

挖掘机保养的内容，按作业性质区分主要有清洁、检查、调整、紧固和润滑等，如图1-4-1所示。

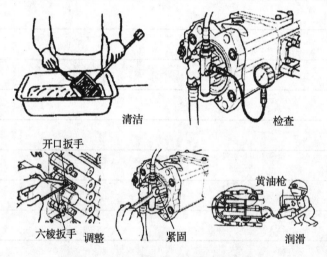

图1-4-1 挖掘机维护保养的内容

 **任务实施**

让我们按下面的步骤进行本项目的实施操作吧！

 **知识链接 挖掘机维护保养的主要内容**

挖掘机维护保养的主要内容见表1-4-1。

表1-4-1 挖掘机维护保养的主要内容

| 项目 | 内容 | 要求 |
|------|------|------|
| 清洁 | 清洁是提高保养质量，减轻机件磨损和降低油、材料消耗的基础，并为检查、紧固、调整和润滑做好准备 | 车容整洁，发动机及各总成、部件和随车工具无污垢，各滤清器工作正常，液压油、机油无污染，各管路畅通无阻 |

（续）

| 项目 | 内容 | 要求 |
|---|---|---|
| 检查 | 检查是通过检视、测量、试验和其他方法，来确定各总成、部件技术性能是否正常，工作是否可靠，机件有无损坏，为正确使用、保管和维修提供可靠依据 | 发动机和各总成、部件状态正常，机件齐全可靠，各连接、紧固件完好 |
| 调整 | 调整工作是恢复挖掘机良好技术性能和确保正常配合间隙的重要工作。调整工作直接影响挖掘机的经济性和可靠性。所以，调整工作必须根据实际情况及时进行 | 熟悉各部件调整的技术要求，按照调整的方法、步骤，认真细致地进行调整 |
| 紧固 | 挖掘机在运行工作中的颠簸、振动、机件热胀冷缩等，会使各紧固件的紧固程度发生变化，甚至松动、损坏、丢失，因此紧固是机器维护保养的一项重要工作 | 各紧固件必须齐全无损坏，安装牢靠，紧固程度符合要求 |
| 润滑 | 润滑工作是延长挖掘机使用寿命的重要工作，主要包括发动机、齿轮箱、液压油缸、制动油缸以及传动部件关节等的润滑 | 按照不同地区和季节，正确选择润滑油品种，加注的油品和工具应清洁，加油口和油嘴应擦拭干净，加注量应符合要求 |

　　由于挖掘机各总成的结构、负荷、材料强度、工作条件和使用情况不同，其磨损、损坏的程度与技术状况的变化以及需要保养的时间也不同，只有用合理的计量来正确反映挖掘机维护保养周期，才不至于保养次数过多或过少，造成浪费或事故性的损坏。

　　目前，挖掘机常用的维护保养周期的计量方法是以每台挖掘机工作小时计量保养周期，即工作多少"台时"。另外，还要特别注意特殊工作环境下，需要做出特殊性的维护保养要求。

## 步骤一　每天启动前的维修保养

每天启动前的维修保养项目及内容见表1－4－2。

表1－4－2　每天启动前的维修保养项目及内容

| 检查项目 | 检查内容 | 检查项目 | 检查内容 |
|---|---|---|---|
| 燃油箱 | 检查、补加 | 操纵杆及先导手柄 | 检查、加油 |
| 液压油面 | 检查、加油 | 柴油预滤器及双联精滤 | 检查、放水 |
| 发动机机油油面 | 检查、加油 | 风扇传动带张力 | 检查、调整 |
| 冷却液液面 | 检查、补加 | 空气滤清器 | 检查、清洁 |
| 仪表板和指示灯 | 检查、清洗 | 各润滑点 | 加润滑油 |

每日或每间隔10 h 的维修保养项目及内容见表1 - 4 - 3。

表1 - 4 - 3 每日或每间隔10 h 的维修保养项目及内容

| 检查项目 | 检查内容 | 检查项目 | 检查内容 |
| --- | --- | --- | --- |
| 燃油箱 | 排放 | 各销轴及轴套,<br>动臂油缸上下连接销轴,<br>动臂油缸上下端,<br>斗杆油缸上下连接销轴,<br>斗杆油缸上下端,<br>挖斗油缸上下端连接销轴,<br>挖斗油缸上下端,<br>动臂与转台连接部,<br>动臂与斗杆连接部,<br>斗杆与挖斗、摇臂连接部,<br>连杆与挖斗连接部 | 检查、加油 |
| 履带张紧度 | 检查、调整 | | |
| 回转支承 | 检查、加油 | | |
| 回转减速机油 | 检查、加油 | | |
| 空气滤清器 | 检查、清洁 | | |
| 蓄电池及电瓶液 | 检查、添加 | | |

## 步骤二 每间隔50 h 的维修保养

新机器工作50 h 的维修保养项目及内容见表1 - 4 - 4。

表1 - 4 - 4 新机器工作50 h 的维修保养项目及内容

| 检查项目 | 检查内容 | 检查项目 | 检查内容 |
| --- | --- | --- | --- |
| 发动机机油 | 更换 | 滤清器滤芯 | 更换 |
| 发动机机油滤清器滤芯 | 更换 | 螺栓和螺母,<br>驱动轮固定螺栓,<br>行走、回转马达固定螺栓,<br>支重轮、拖链轮固定螺栓,<br>发动机固定螺栓,<br>配种固定螺栓 | 检查、紧固 |
| 先导油滤清器滤芯 | 更换 | | |
| 液压油回油滤清器滤芯 | 更换 | | |
| 液压油出油滤清器滤芯 | 更换 | | |

注：以上项目仅适用于新机器，以后按正常间隔周期进行维修保养。

每间隔50 h 的维修保养项目及内容见表1 - 4 - 5。

表1 - 4 - 5 每间隔50 h 的维修保养项目及内容

| 检查项目 | 检查内容 | 检查项目 | 检查内容 |
| --- | --- | --- | --- |
| 液压油回油滤清器滤芯 | 更换 | 先导油滤清器滤芯 | 更换 |

（续）

| 检查项目 | 检查内容 | 检查项目 | 检查内容 |
|---|---|---|---|
| 液压油出油滤清器滤芯 | 更换 | 动臂油缸上下端， | |
| 燃油箱 | 排放 | 斗杆油缸上下连接销轴， | |
| 履带张紧度 | 检查、调整 | 斗杆油缸上下端， | |
| 回转支承 | 检查、加油 | 铲斗油缸上下端连接销轴， | |
| 回转减速机油 | 检查、加油 | 铲斗油缸上下端， | 检查、加油 |
| 空气滤清器 | 检查、清洁 | 动臂与转台连接部， | |
| 蓄电池及电瓶液 | 检查、补加 | 动臂与斗杆连接部， | |
| 各销轴及轴套动臂油，缸上下连接销轴 | 检查、加油 | 斗杆与铲斗、摇臂连接部，连杆与铲斗连接部 | |

## 步骤三　每间隔100 h的维修保养

每间隔100 h的维修保养项目及内容见表1-4-6。

表1-4-6　每间隔100 h的维修保养项目及内容

| 检查项目 | 检查内容 | 检查项目 | 检查内容 |
|---|---|---|---|
| 散热器及冷却液 | 检查、清洁 | 行走减速机油 | 检查、加油 |
| 燃油滤清器滤芯 | 更换 | 行走减速机油 | 更换 |

注：连续使用液压破碎锤时才更换上述滤芯。

## 步骤四　每间隔500 h的维修保养

每间隔500 h的维修保养项目及内容见表1-4-7。

表1-4-7　每间隔500 h的维修保养项目及内容

| 检查项目 | 检查内容 | 检查项目 | 检查内容 |
|---|---|---|---|
| 散热器及冷却液 | 检查、清洁 | 行走减速机油 | 检查、加油 |
| 燃油滤清器滤芯 | 更换 | 行走减速机油 | 更换 |

## 步骤五　每间隔1000 h的维修保养

每间隔1000 h的维修保养项目及内容见表1-4-8。

表1-4-8　每间隔1000 h的维修保养项目及内容

| 检查项目 | 检查内容 |
|---|---|
| 回转减速机油 | 更换 |
| 行走减速机油 | 更换 |
| 回转支承及回转齿圈润滑油 | 更换 |

过程考核评价

| 项目四　挖掘机的日常检查与维护 | | | | | |
|---|---|---|---|---|---|
| 学员姓名 | | 学号 | | 班级 | 日期 |
| 项目 | 考核项目 | 考核要求 | 配分 | 评分标准 | 得分 |
| 知识目标 | 挖掘机安全操作要求 | 能清晰描述挖掘机操作安全注意事项及安全标识表示的意义 | 20 | 挖掘机操作安全注意事项描述不清楚，扣10分；每认错一项安全标识，扣2分 | |
| | 挖掘机检查维护 | 能准确描述维护检查内容 | 10 | 维护检查内容叙述不清楚，扣10分 | |
| 能力目标 | 维护与保养 | 能进行发动机油路系统检查 | 15 | 不能正确进行发动机油路系统检查，扣15分 | |
| | | 能进行发动机冷却系统检查 | 10 | 不能正确进行发动机冷却系统检查，扣10分 | |
| | | 能进行液压系统检查 | 15 | 不能正确进行液压系统检查，扣15分 | |
| | | 能进行履带张紧度检查 | 10 | 不能正确进行履带张紧度检查，扣10分 | |
| 方法及社会能力 | 过程方法 | （1）学会自主发现、自主探索的学习方法；（2）学会在学习中反思、总结，调整自己的学习目标，在更高水平上获得发展 | 10 | 能在工作中反思，有创新见解，有自主发现、自主探索的学习方法，酌情得5~10分 | |
| | 社会能力 | 小组成员间团结协作共同完成工作任务，养成良好的职业素养（如工作服穿戴整齐、保持工位卫生等） | 10 | （1）工作服穿戴不全，扣5分；（2）工位卫生情况差，扣5分 | |
| | 实训总结 | 完成本次工作任务的体会（学到哪些知识，掌握哪些技能，有哪些收获）： | | | |
| | 得分 | | | | |

| 工作小结 |

# 任务二
# 装载机的操作与维护

02

装载机是一种具有较高作业效率的工程机械，主要用于对松散的堆积物料进行铲、装、运、挖等作业，也可以用来整理、刮平场地以及进行牵引作业，换上相应的工作装置后，还可以进行挖土、起重以及装卸物料等作业。

装载机广泛用于城建、矿山、铁路、公路、水电、油田、国防以及机场建设等领域的工程施工中，对加快工程进度、保证工程质量、改善劳动条件、提高工作效率以及降低施工成本等都具有极为重要的作用。图2-0-1为常见的装载机。

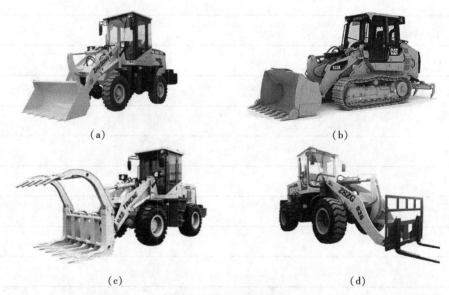

(a)　　　　　　　　　　　　　　　　　(b)

(c)　　　　　　　　　　　　　　　　　(d)

图2-0-1　装载机

(a) 轮胎式装载机　(b) 履带式装载机　(c) 带抓具的轮胎装载机　(d) 带货叉的轮胎装载机

## 项目一　　装载机铲起装斗作业的操作技巧

 **任务描述**

铲土运输机械是利用刀型或斗型切削装置在行走中铲掘、切削土石方，并能把所铲削的土石方送到一定距离自行卸掉的机械，包括专门用于越野运输的自卸运输车辆，属于工程机械的一大类别。铲装作业如图2-1-1所示。铲土运输机械由装载机、推土机、平地机、铲运机及矿用载重自卸车五大类组成。

图2-1-1 铲装作业

在进行铲装作业前，让我们先来了解下装载机的组成与分类吧！

### 知识储备 装载机的组成与分类

1. 装载机的用途和适用领域

装载机是一种具有较高作业效率的工程机械，主要用于对松散的堆积物料进行铲、装、运、挖等作业，也可以用来整理、刮平场地以及进行牵引作业，换上相应的工作装置后，还可以进行挖土、起重以及装卸物料等作业。

装载机广泛用于城建、矿山、铁路、公路、水电、油田、国防以及机场建设等领域的工程施工中，对加快工程进度、保证工程质量、改善劳动条件、提高工作效率以及降低施工成本等都具有极为重要的作用。装载机总体结构如图2-1-2所示。

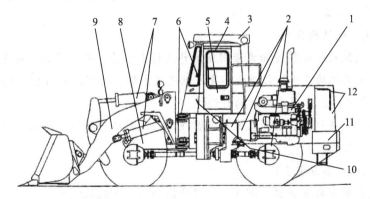

图2-1-2 装载机总体结构

1—柴油机系统；2—传动系统；3—防滚翻与落物保护装置；4—驾驶室；
5—空调系统；6—转向系统；7—液压系统；8—车架；9—工作装置；
10—制动系统；11—电气仪表系统；12—发动机罩

2. 装载机型号的规定

装载机的型号编制方法如下。

（1）产品型号的构成。产品型号由企业标识、特征代号、产品类别代号、主参数代号、平台代号及换代号构成，如图2-1-3所示。

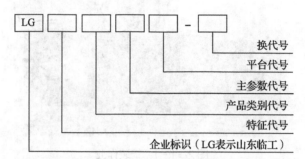

图2-1-3 产品型号的构成

（2）特征代号。装载机特征代号见表2-1-1。

表2-1-1 装载机特征代号

| 产品类别 | 特征名称 | 特征代号 | 备注 |
|---|---|---|---|
| 铲土运输机械 | 铰接转向轮式装载机 | | |
| | 履带式装载机 | C | Crawl 爬行 |
| | 滑移转向轮式装载机 | S | Slippage 滑移 |
| 压实机械 | 单钢轮振动压路机 | S | Single 单 |
| | 双钢轮振动压路机 | D | Double 双 |
| | 三钢轮静碾压路机 | R | Roller 碾子 |

3. 装载机的类型

1）按行走系统结构分类

（1）轮胎式装载机是将轮胎式专用底盘作为行走机构，并配置工作装置及操纵系统的装载机。其优点是机动灵活、作业效率高；制造成本低、使用维护方便；轮胎还具有较好的缓冲、减振等功能，可提高操作的舒适性。

（2）履带式装载机是将履带式专用底盘或工业拖拉机作为行走机构，并配置工作装置及操纵系统的装载机。

2）按发动机位置分类

（1）发动机前置式装载机，即发动机置于操作者前方的装载机。

（2）发动机后置式装载机，即发动机置于操作者后方的装载机。

目前，国产大中型装载机普遍采用发动机后置式的结构形式。这是由于发动机后置不但可以扩大司机的视野，而且后置式的发动机还可以兼作配重使用，以减轻装载机的整体装备质量。

3）按转向方式分类

（1）以轮式底盘的车轮作为转向的装载机分为偏转前轮、偏转后轮和全轮转向三种。其缺点是整体式车架，机动灵活性差，所以一般不采用这种转向方式。

（2）铰接转向式装载机是依靠轮式底盘的前轮、前车架及工作装置，绕前、后车架的铰接销水平摆动进行转向的装载机。其优点是转弯半径小，机动灵活，可以在狭小场地作业，是目前最常用的装载机之一。

（3）滑移转向式装载机依靠轮式底盘两侧的行走轮或履带式底盘两侧的驱动轮速度差实现转向。其优点是整机体积小，机动灵活，可以实现原地转向，可以在更为狭窄的场地作业。近年来微型装载机多采用此种转向方式。

4）按驱动方式分类

（1）前轮驱动式装载机，即以行走结构的前轮作为驱动轮的装载机。

（2）后轮驱动式装载机，即以行走结构的后轮作为驱动轮的装载机。

（3）全轮驱动式装载机，即行走结构的前、后轮都作为驱动轮的装载机。现代装载机多采用全轮驱动方式。

 |**任务实施**|

让我们按下面的步骤进行本项目的实施操作吧！

## 步骤一　了解驾驶操作安全要求

1. 安全标识

装载机的安全标识及其说明见表2-1-2。

表2-1-2　装载机的安全标识及其说明

| 序号 | 安全标识 | 说明 |
| --- | --- | --- |
| 1 |  | 不能在工作装置下面行走 |
| 2 |  | 挤压危险 |
| 3 |  | 阅读使用维护说明 |

（续）

| 序号 | 安全标识 | 说明 |
|------|----------|------|
| 4 | ⚠ 警告 WARNING<br>严禁打开驾驶室门操作机器<br>Make sure door is close before operating condition | 严禁开门操作机器 |
| 5 | | 发动机运转时不要靠近风扇 |
| 6 | ⚠ 注意 CAUTION<br>当气温低于0℃时如不使用防冻液，停车后应将柴油机散热器、油冷却器及管路中的水放净，否则会冻裂发动机机体、散热器或油冷却器等。<br>When the temperature below 0℃，after parking the loader,please drain the engine radiator oil cooler and water pipe. If the water has not been added anti-freezer,it will freeze the engine radiator and oil cooler crack. | 低温放水 |
| 7 | ⚠WARNING | 不要靠近机器 |
| 8 | ⚠ 警告 WARNING<br>低压报警时不准运行机器。当气压达到规定值时，按下手控阀方可操作。<br>Do not run the loader when low pressure protector alerting, when air pressure reach the instructed level press down the parking brake and then operate the loader. | 手制动 |
| 9 | | 柴油箱 |
| 10 | | 液压油箱 |

## 2. 安全操作规范

### 1）一般安全注意事项

（1）驾驶员及有关人员在使用装载机之前，必须认真阅读使用维护说明书或操作维护保养手册，按说明书和手册规定的事项操作，否则会带来严重后果和不必要的损失。

（2）驾驶员应穿戴必要的劳保防护用品，以符合安全要求。

（3）针对作业范围较小或危险的区域，在该范围内或危险点必须设置警告标识。

（4）严禁驾驶员酒后或过度疲劳时进行驾驶作业。

（5）在中心铰接区内进行维修或检查作业时，要连接锁紧杆，以防止前、后车架相对转动。

（6）要在装载机停稳之后，在有扶梯的地方上下装载机，切勿在装载机作业或行走时上下装载机。

（7）装载机需要举臂时，必须把举起的动臂垫牢，保证在维修等任何情况下，动臂绝对不会落下。

2）装载机严重事故安全警告

（1）装载机下坡时严禁发动机熄火。

（2）严禁挂空挡溜坡。

（3）装载机动臂下严禁站人。

（4）装载机运动时，中间铰接处严禁站人。

## 步骤二　启动装载机

1. 启动前的准备

在启动前，要仔细检查机器，坚持执行日常维护保养工作。如果发现异常，立刻向管理人员报告，维修后再开始操作。具体检查内容如下。

（1）检查机器是否存在漏油、漏水、螺栓松动、异响、零件破损或丢失等故障。

（2）检查确认前后车架锁定杆是否已经脱开锁定。

（3）检查冷却液液位、燃油油位和发动机油底壳里的油位是否正常，检查空气滤清器是否堵塞。

（4）检查所有的照明及信号灯光是否正常，检查结果有任何不正常，都应进行修理。

（5）检查各仪表是否工作正常，确认操纵杆的停放位置。

（6）把驾驶室玻璃和所有灯上的污垢擦掉，保证良好的能见度。

（7）调整后视镜到合适的位置，使操作人员有良好的视野。

（8）检查操作人员座椅周围是否有遗留零件和工具，因为装载机行走和作业时产生的振动可能使零件和工具跌落，造成操纵杆、开关损坏，或使操纵杆发生移动致使工作装置开动，导致事故。

（9）检查灭火器是否正常。

（10）检查扶手、阶梯上是否有油脂或污泥，以免上车时滑倒或影响操作。

2. 启动操作

检查机器周围是否有人或障碍物，然后鸣喇叭和启动发动机，把启动开关的钥匙如图 2-1-4（a）所示，转到 ON 位置，如图 2-1-4（b）所示；然后轻轻踏下加速踏板，如图 2-1-4（c）所示。把启动开关的钥匙转到启动位置，启动发动机，如图 2-1-4（d）

所示。发动机启动后，把启动开关的钥匙放开，钥匙将自动返回到 ON 位置，如图 2－1－4（e）所示。

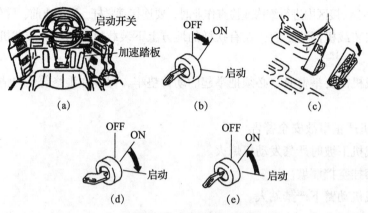

图 2－1－4　启动操作

（a）钥匙　（b）钥匙转到 ON 位置　（c）轻轻踏下加速踏板
（d）钥匙转到启动位置　（e）放开钥匙

启动发动机的具体做法如下。

（1）拉紧驻车制动器，变速杆置空挡位置。

（2）打开点火开关，接通点火线路。

（3）左脚踏下离合器踏板，右脚轻轻踏下加速踏板，汽油机要拉出阻风门拉钮（热机时不必拉出），转动启动开关的钥匙，置于启动位置即可启动；柴油机要旋转启动旋钮或按钮。

（4）发动机启动后，待发动机怠速运转稳定后，松开离合器踏板，保持低速运转，使发动机温度逐渐升高。切勿猛踩加速踏板，以免造成机油压力过高，使发动机磨损加剧。

**注意事项**

（1）发动机在低温条件下应进行预热，一般可采用加注热水的方法，并用手摇柄摇转曲轴，使各润滑面得到较充分的润滑，严禁使用明火预热。

（2）严寒情况下冷机启动时，先用手转动风扇，防止水泵轴冻结，并转动汽油泵摇臂，使化油器内充满汽油，预热发动机再进行启动。

（3）启动发动机一次工作时间不得超过 5 s，切不可长时间按下按钮不放，以免损坏发动机和蓄电池。连续两次启动的时间间隔应不短于 15 s。连续三次仍然启动不了，应进行检查，待故障排除后，再行启动。

（4）禁止使用拖拉、顶撞、溜坡或猛抬离合器踏板的方法进行启动，以免损伤机件及发生事故。

## 步骤三　铲装作业

### 1. 铲装方法

不同的铲装方法对作业阻力和铲斗的装满程度有不同的要求，工作时主要根据铲装的物料种类（容重、粒度大小等）、料堆高度等选用不同的铲装方法。

1）一次铲装法

装载机直线前进，铲斗刀刃插入料堆，直到铲斗后臂与料堆接触，装载机停止前进，铲斗转至装满位置，然后提升动臂至运输高度（铲斗下铰点离地面高度约为400 mm），如图2-1-5所示。

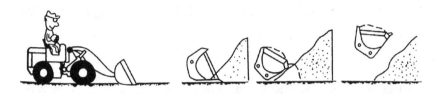

图2-1-5　一次铲装法

一次铲装是最简单的铲装方法，对驾驶员操作水平要求不高，但其作业阻力大，需要把铲斗插入料堆深处，因而要求装载机有比较大的插入力，同时需要很大的功率来克服铲斗上翻时的转斗阻力，因此一次铲装仅用来铲装容重小的松散物料，如砂、煤、焦炭等。

2）配合铲装法

装载机在前进的同时，配合以转斗或动臂提升的动作进行铲装作业。

在铲斗插入料堆（插入深度为20%～50%斗深）的同时，间断地操纵铲斗上翻，并配合动臂的提升直至装满铲斗，如图2-1-6所示。

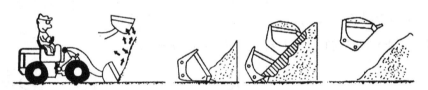

图2-1-6　配合铲装法

采用配合铲装法，铲斗不需要插得很深，插入动作与铲斗转动、提升运动配合，使插入阻力大大减小，铲斗也容易装满，是一种比较理想的作业方法，但要求驾驶员具有较高的操作水平。

 **知识链接　装载机驾驶——起步**

装载机起步是驾驶训练中最重要、最基础的科目，主要包括平路起步和坡道起步。装载机完成启动操作后，发动机运转正常，无漏油、漏水现象，铲斗升降平稳，便可以挂挡起步。

1. 平路起步

装载机在平路上起步时，驾驶员要保持正确的驾驶姿势，两眼注视前方，观察道路和交通情况，不得低头。具体操作要领如下。

（1）左脚迅速踏下离合器踏板，右手将变速杆挂入Ⅰ挡，换向杆挂入前进挡或倒挡。

一般用低速挡起步，如Ⅰ挡。

（2）松开驻车制动操纵杆，打转向灯，鸣笛。

（3）在慢慢抬起离合器踏板的同时，平稳地踩下加速踏板，使装载机慢慢起步。起步时应保证迅速、平稳，无冲动、振抖、熄火现象，操作动作要准确。

平稳起步的关键在于离合器踏板和加速踏板的配合。离合器踏板与加速踏板的配合要领：左脚快抬听声音，音变车抖稍一停，右脚平稳踏加速踏板，左脚慢抬车前进。

2. 坡道起步

1）操作要领

（1）在10°坡道上行驶至坡中停车，发动机不熄火，挂入空挡，靠制动及加速踏板保持动平衡，车不下滑。

（2）起步时，挂入前进Ⅰ挡，踩下加速踏板，同时松抬离合器踏板至半联动，并松开驻车制动器，再接着逐渐加速，松开离合器踏板，起步上坡前进。

（3）起步时，若感到装载机后溜或动力不足，应立即停车，重新起步。

2）操作要求

（1）坡道上起步时，起步要平稳，发动机不得熄火。

（2）装载机不能下滑，车轮不能空转。

（3）换挡时不能发出声响。

2. 铲装作业操作

装载机的作业循环包括4个过程，如图2-1-7所示。

1. 在距料堆1~1.5 m处，放下动臂，翻动铲斗
2. 将铲斗全力插入料堆，间断地操纵铲斗转动和动臂上升

3. 满载后，驶向卸料点或运输车辆，同时提升动臂至卸载高度进行卸料
4. 空车退回，进行下一循环

图2-1-7 装载机的作业循环

（1）装载机以Ⅰ挡低速驶向料堆，在距料堆1~1.5 m处，放下动臂，转动铲斗，使铲斗刀刃接地，铲斗斗底与地面成3°~7°前倾角，低速插入料堆。

（2）装载机将铲斗全力插入料堆，并间断地操纵铲斗转动和动臂上升，直至满斗，把铲斗上翻，动臂提升至运输位置。

（3）装载机满载后退，驶向卸料点或运输车辆，同时提升动臂至卸载高度进行卸料。当物料粘积在铲斗上时，可来回扳动转斗操纵杆，使物料弹振脱落。

（4）空车退回，同时动臂下降至运输位置，装载机返回至装料点进行下一个工作循环。

**⚠　注意事项**

（1）在进行挖掘或铲起作业时，机器要始终面向前方。
（2）机器在铰接时千万不要进行挖掘作业。
（3）若轮胎打滑，其使用寿命会缩短，所以在操作时勿使轮胎打滑。

## 步骤四　装载机制动

1. 停车

1）操作要领

（1）松开加速踏板，打开右转向灯，徐徐向停车地点停靠。
（2）踏下制动踏板，当车速较慢时踏下离合器踏板，使装载机平稳停下。
（3）拉紧驻车制动杆，将变速杆和换向杆挂入空挡。
（4）松开离合器踏板和制动踏板，关闭转向灯和启动开关，将熄火拉钮拉出后再关上。

2）操作要求

（1）熟记口诀：减速靠右车身正，适当制动把车停，拉紧制动放空挡，踏板松开再关灯（熄火）。
（2）平稳停车的关键在于根据车速的快慢适当地运用制动踏板，特别是要停住时，要适当放松一下踏板。踏制动踏板的方法包括轻重轻、重轻重、间歇制动和一脚制动等。

2. 熄火

装载机作业结束需要停熄发动机时，汽油装载机只需将启动开关关闭，观察电流表指针的摆动情况，即可判断电路是否已经切断。在停熄发动机前，切勿猛踏加速踏板轰车，这不仅会浪费燃料，而且还会增加发动机的磨损程度。如果在发动机温度过高时熄火，首先应使发动机怠速运转 1 ~ 2 min，待机件均匀冷却，然后再关闭启动开关，将发动机停熄。柴油装载机停熄发动机时，应先怠速运转数分钟，待机件均匀冷却后，再操纵停车手柄，使喷油泵柱塞转至不供油位置，便可将发动机停熄。

**过程考核评价**

| 项目一 装载机铲起装斗作业的操作技巧 | | | | | |
|---|---|---|---|---|---|
| 学员姓名 | | 学号 | | 班级 | 日期 |

| 项目 | 考核项目 | 考核要求 | 配分 | 评分标准 | 得分 |
|---|---|---|---|---|---|
| 知识目标 | 装载机安全操作要求 | 能清晰描述装载机操作安全注意事项及安全标识表示的意义 | 20 | 装载机操作安全注意事项描述不清楚，扣10分；每认错一项安全标识，扣2分 | |
| | 装载机铲装操作步骤 | 能准确描述铲装操作步骤 | 10 | 铲装操作步骤叙述不清楚，扣10分 | |
| 能力目标 | 铲装操作 | 能正确启动装载机 | 10 | 不能正确启动装载机，扣10分 | |
| | | 能正确制动装载机 | 10 | 不能正确制动装载机，扣10分 | |
| | | 能熟练推动操纵杆 | 10 | 不能熟练推动操纵杆，扣10分 | |
| | | 能熟练进行铲土操作 | 10 | 不能熟练进行铲土操作，扣10分 | |
| | | 能熟练进行装斗操作 | 10 | 不能熟练进行装斗操作，扣10分 | |
| 方法及社会能力 | 过程方法 | （1）学会自主发现、自主探索的学习方法；（2）学会在学习中反思、总结，调整自己的学习目标，在更高水平上获得发展 | 10 | 能在工作中反思，有创新见解，有自主发现、自主探索的学习方法，酌情得5~10分 | |
| | 社会能力 | 小组成员间团结协作共同完成工作任务，养成良好的职业素养（如工作服穿戴整齐、保持工位卫生等） | 10 | （1）工作服穿戴不全，扣5分；（2）工位卫生情况差，扣5分 | |
| 实训总结 | | 完成本次工作任务的体会（学到哪些知识，掌握哪些技能，有哪些收获）： | | | |
| 得分 | | | | | |

## 工作小结

## 项目二　装载机装载和搬运作业的操作技巧

### 任务描述

　　装载机的装载和搬运作业由一个循环组成，即铲挖→搬运→装车（装进料斗、大洞穴等）。搬运的形式有 V 型作业、I 型作业、L 型作业及 T 型作业等，如图 2-2-1 所示。

图 2-2-1　装载机的作业形式

　　在进行装载作业前，让我们先来了解下装载机的工作装置吧！

### 知识储备　装载机的工作装置

　1. 工作装置的作用

　　装载机铲掘和装卸物料的作业是通过工作装置的运动实现的。

　2. 工作装置的组成

　　装载机的工作装置由铲斗、动臂、摇臂 - 连杆（或托架）及液压系统等组成，如图 2-2-2 所示。铲斗用以铲装物料；动臂和动臂油缸的作用是提升铲斗并使之与车架连接；转斗油缸通过摇臂 - 连杆（或托架）使铲斗转动。动臂的升降和铲斗的转动采用液压操纵。

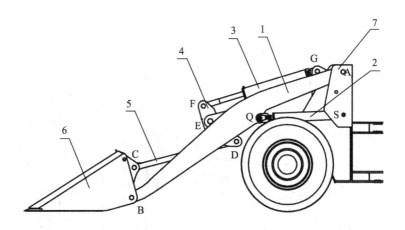

图2-2-2　装载机的工作装置

1—动臂；2—动臂油缸；3—转斗油缸；4—摇臂；5—拉杆；6—铲斗；7—车架

3．工作装置的工作过程

由动臂、动臂油缸、铲斗、转斗油缸、摇臂-连杆（或托架）及车架相互铰接所构成的连杆机构，在装载机工作时要保证：当动臂处于某种作业位置不动时，在转斗油缸作用下，通过连杆机构使铲斗绕其铰接点转动；当转斗油缸闭锁时，动臂在动臂油缸作用下提升或下降铲斗过程中，连杆机构应能使铲斗在提升时保持平稳或斗底平面与地面的夹角变化控制在很小的范围，以免装满物料的铲斗由于铲斗倾斜而使物料撒落；而在动臂下降时，又自动将铲斗放平，以减轻驾驶员的劳动强度，提高劳动生产率。

 **任务实施**

让我们按下面的步骤进行本项目的实施操作吧！

## 步骤一　启动行驶

1．启动操作

在驾驶装载机时，对环境、驾驶室以及使用的物品，按照项目一中的要求做好启动前的检查工作，然后按照说明书启动发动机。需要注意的方面如下。

（1）只能在驾驶室内启动发动机，严禁在驾驶室外用短接法启动发动机，通过旁路启动系统会造成机器的电路系统损坏，而且这种操作非常危险。

（2）当需要使用乙醚冷启动装置时，应先阅读说明书。乙醚是易燃物，应注意防火。

（3）当发动机配备了塞状预加热器时，禁止使用乙醚。

2．换挡操作

变速操纵各挡位示意图如图2-2-3所示。扳动变速操纵手柄可切换四个挡位，从前到后分别为前进Ⅱ挡、前进Ⅰ挡、空挡、倒挡。在变换挡位时不可猛踩加速踏板，以免传动系统冲击过大。

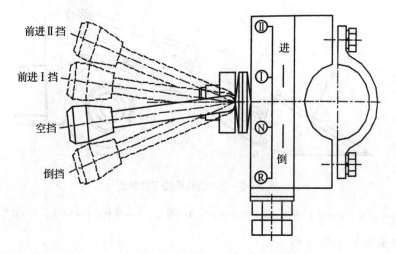

图2-2-3 变速操纵各挡位示意图

1. 前进Ⅰ挡操作

发动机旋转时，为了保护电器元件，钥匙开关不可以放在"开"位置以外的地方。

（1）柴油机启动后，检查装载机各部均属正常，操纵动臂、铲斗至运输位置（动臂下端距地面40 cm左右，并且铲斗向后转到限位位置，铲斗上的限位块与动臂相碰），如图2-2-4所示。

（2）踩下制动踏板，松开手制动，鸣响喇叭，如图2-2-5所示。

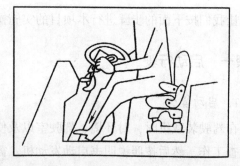

图2-2-4 将动臂提升至运输位置　　　图2-2-5 踩下制动踏板，松开手制动

（3）轻松操纵变速杆，将变速杆挂入前进Ⅰ挡。

（4）松开制动踏板，缓缓踩下加速踏板，使装载机逐渐加速，如图2-2-6所示。

注意：车辆只有在制动气压达到规定值（0.45 MPa）以上，解除手制动后才能行驶。

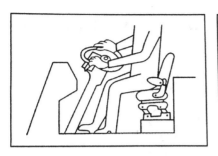

图2-2-6　操纵变速杆至前进Ⅰ挡，松开制动踏板，缓缓踩下加速踏板

**2. 前进Ⅱ挡操作**

在前进Ⅰ挡踩下制动踏板，将换挡操纵手柄向前拨动至前进Ⅱ挡，松开制动踏板，缓缓踩下加速踏板，装载机缓慢移动。

从前进Ⅱ挡转换至前进Ⅰ挡时应适当进行制动，将车速降低后再进行转换。前进挡与后退挡的直接转换对装载机传动系统损害较大，千万不可这样操作。

**3. 倒挡操作**

在前进Ⅰ挡踩下制动踏板，将换挡操纵手柄向后拨动至倒挡，松开制动踏板，缓缓踩下加速踏板，装载机缓慢后退。

ZF变速箱的变速挡位有8个，分别为前进Ⅰ～Ⅳ挡、空挡、后退Ⅰ～Ⅲ挡，如图2-2-7所示。变速操纵手柄在中位为空挡；将变速操纵手柄向前推为前进挡，同时转动变速操纵手柄可切换至前进Ⅰ～Ⅳ挡；将变速操纵手柄向后推为后退挡，同时转动变速操纵手柄可切换至后退Ⅰ～Ⅲ挡。

图2-2-7　ZF变速操纵各挡位示意图

# 步骤二　启动行驶

**1. 装车作业**

与自卸车配合，一般采用以下4种作业方案。

1）V 型作业法

这种方法可保证工作循环时间最短，作业效率较高。V 型作业法如图 2 - 2 - 8 所示，具体操作如下。

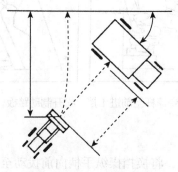

图 2 - 2 - 8　V 型作业法

（1）自卸车与装载机驶向料堆的方向，并成 60°停放，装载机满载后，挂倒挡后退 3 ~ 5 m。

（2）向右转向使转向油缸与铰接车架成 35°停放。

（3）挂前进 Ⅰ 挡，操纵手柄提升动臂至限高位置，慢慢靠近自卸车车厢。

（4）操纵手柄缓缓转动铲斗，将物料轻轻卸至车厢，挂倒挡空车退回，同时动臂下降至运输位置，装载机返回至装料点进行下一个工作循环。

2）Ⅰ 型作业法

自卸车平行于工作面适时地往复前进与后退，装载机则垂直于工作面直线前进与后退，穿梭般地进行作业。所以这种作业方法称为 Ⅰ 型作业法，也叫穿梭作业法。

Ⅰ 型作业法省去了装载机的调车时间，但增加了自卸车前进和后退的次数，因此采用这种作业方式，装载机的作业循环时间取决于装载机与自卸车的司机配合作业的熟练程度。Ⅰ 型作业法如图 2 - 2 - 9 所示，具体操作如下。

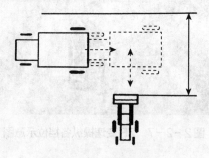

图 2 - 2 - 9　Ⅰ 型作业法

（1）自卸车与装载机成 90°停放，工作时自卸车前进让出一个车位的距离。

（2）装载机装满物料后，后退至卸载位置，并操纵手柄提升动臂至卸高位置。

（3）自卸车后退一个车位的距离。

（4）装载机将铲斗慢慢放下，将物料轻轻卸至车厢，然后自卸车前进让出一个车位的距离，装载机前进至装料点进行下一个工作循环。

3）L型作业法

这种作业方式适用于运距较短、作业场合较宽的作业环境，装载机可同时与两台自动卸车配合工作。L型作业法如图2-2-10所示，具体操作如下。

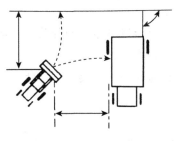

图2-2-10　L型作业法

（1）自卸车垂直于工作面，与装载机平行停放。

（2）装载机装满物料后，后退并右转（或左转）90°。

（3）挂Ⅰ挡并操纵手柄提升动臂至卸高位置。

（4）装载机将铲斗慢慢放下，将物料轻轻卸至车厢，挂倒挡后退并调转90°，然后向前驶向料堆，进行下一次铲装作业。

4）T型作业法

T型作业法如图2-2-11所示，具体操作如下。

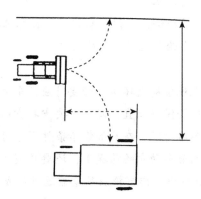

图2-2-11　T型作业法

（1）自卸车平行于工作面停放，且距离物料较远。

（2）装载机装满物料后，后退并右转（或左转）90°。

（3）挂Ⅰ挡，然后再向相反方向转90°并操纵手柄提升动臂至卸料位置。

（4）装载机将铲斗慢慢放下，将物料轻轻卸至车厢，挂倒挡后退并调转90°，然后向前驶向料堆，进行下一次铲装作业。

**知识链接 装载机驾驶——转向**

装载机在行驶中，常因道路情况或作业需要而改变行驶方向。装载机转向是靠偏转后轮完成的。因此装载机在窄道上进行直角转弯时，应特别注意外轮差，防止后轮出线或刮碰障碍物。

操作要领如下。

（1）当装载机驶近弯道时，应沿道路的内侧行驶，在车头接近弯道时，逐渐把转向盘转到底，使内前轮与路边保持一定的安全距离。

（2）驶离弯道后，应立即回转方向，并按直线行驶。

**注意事项**

（1）要正确使用转向盘，弯缓应早转慢打，少打少回；弯急应迟转快打，多打多回。

（2）转弯时，车速要慢，转动转向盘不能过急，以免造成侧滑。

（3）转弯时，应尽量避免使用制动，尤其是紧急制动。

 **知识链接 装载机驾驶——倒车**

1）操作要领

装载机后倒时，应先观察车后情况，并选好倒车目标。挂上挡起步后，要控制好车速，注意观察周围情况，并随时修正方向。

倒车时，可以注视后窗、注视侧方、注视后视镜。目标选择以装载机纵向中心线对准目标中心、装载机车身边线或车轮靠近目标边缘为佳。

2）操作要求

（1）装载机倒车时，应先观察周围环境，必要时应下车观察。

（2）直线倒车时，应使后轮保持正直，修正时要少打少回。

（3）曲线倒车应先看清车后情况，在具备倒车条件下方可倒车。

（4）倒车转弯时，在照顾全车动向的前提下，还要特别注意后内侧车轮及翼子板是否出线或碰及障碍物。在倒车过程中，内前轮应尽量靠近桩位或障碍物，以便及时修正方向避让障碍物。

**注意事项**

（1）应特别注意内轮差，防止内前轮出线或刮碰障碍物。

（2）应注意转向、回转方向的时机和速度。

（3）曲线倒车时，尽量靠近外侧边线行驶，避免内侧刮碰或压线。

（4）装载机后倒时，应先观察车后情况，并选好倒车目标。

**2. 堆料作业**

堆料作业是指将铲斗着地放平，装载机挂 I 挡向前推，铲斗装满料后就升高一点，推到堆料的地方将物料倒出来，然后重复操作。如果料多就推成斜坡以保证装载机可以一直往前开，一层一层往前推，这样可以堆得更高、更多。

堆料作业具体操作如下。

（1）装载机放下动臂，铲斗放平至距地面 5 cm，以 I 挡低速向前推进。

（2）铲斗堆满物料后，间断地操纵铲斗转动和动臂上升，直至满斗，把铲斗上翻，动臂提升至运输位置。

（3）装载机满载后退，然后驶向卸料点。

（4）空车退回，同时动臂下降，装载机返回至堆料点进行下一个工作循环。

**注意事项**

（1）将在行走路面上漏掉的沙土岩石及时用铲斗铲清可以防止轮胎损坏，因此行车路面要时常清理。

（2）装载作业时，应注意按不使装载物散乱掉下的速度行走，同时要降低铲斗高度。

## 知识链接　装载机驾驶——掉头

装载机在行驶或作业时，有时需要调头或改变行驶方向。调头应选择较宽、较平的路面。

1）操作要领

先降低车速，换入低速挡，使装载机驶近道路右侧，然后将转向盘迅速向左转到底，待前轮接近左侧路边时，踏下离合器踏板，并迅速向右回转方向，制动停车。

挂上倒挡起步后，向右转足方向，到适当位置，踩下离合器踏板，向左回转方向，制动停车。

当道路较窄时，重复以上动作。调头完成后，挂前进挡行驶。

2）操作要求

（1）在调头过程中不得熄火，不得转死转向盘，车轮不得接触边线。

（2）车辆停稳后不得转动转向盘。

（3）必须在较短时间内完成调头。

**注意事项**

在保证安全的前提下，尽量选择便于调头的地点，如交叉路口、广场，平坦、宽阔、土质坚硬的路段。避免在坡道、窄路或交通复杂地段进行调头。禁止在桥梁、隧道、涵洞或铁路交叉道口等处调头。

（1）调头时采用低速挡，速度应平稳。

（2）注意装载机后轮转向的特点。

（3）禁止采用半联动方式，以减少离合器的磨损。

**过程考核评价**

| 项目二　装载机装载和搬运作业的操作技巧 | | | | | |
|---|---|---|---|---|---|
| 学员姓名 | | 学号 | | 班级 | 日期 |
| 项目 | 考核项目 | 考核要求 | 配分 | 评分标准 | 得分 |
| 知识目标 | 装载机安全操作要求 | 能清晰描述装载机操作安全注意事项及安全标识表示的含义 | 20 | 装载机操作安全注意事项描述不清楚，扣10分；每认错一项安全标识，扣2分 | |
| 知识目标 | 装载机装车操作步骤 | 能准确描述装车操作步骤 | 10 | 装载机装车操作步骤叙述不清楚，扣10分 | |
| 能力目标 | 装车操作 | 能正确驾驶装载机进行V型作业 | 10 | 不能正确驾驶装载机进行V型作业，扣10分 | |
| 能力目标 | 装车操作 | 能正确驾驶装载机进行I型作业 | 10 | 不能正确驾驶装载机进行I型作业，扣10分 | |
| 能力目标 | 装车操作 | 能正确驾驶装载机进行L型作业 | 10 | 不能正确驾驶装载机进行L型作业，扣10分 | |
| 能力目标 | 装车操作 | 能正确驾驶装载机进行T型作业 | 10 | 不能正确驾驶装载机进行T型作业，扣10分 | |
| 能力目标 | 装车操作 | 能正确驾驶装载机进行堆料作业 | 10 | 不能正确驾驶装载机进行堆料作业，扣10分 | |
| 方法及社会能力 | 过程方法 | （1）学会自主发现、自主探索的学习方法；（2）学会在学习中反思、总结，调整自己的学习目标，在更高水平上获得发展 | 10 | 能在工作中反思，有创新见解，有自主发现、自主探索的学习方法，酌情得5～10分 | |
| 方法及社会能力 | 社会能力 | 小组成员间团结协作共同完成工作任务，养成良好的职业素养（如工作服穿戴整齐、保持工位卫生等） | 10 | （1）工作服穿戴不全，扣5分；（2）工位卫生情况差，扣5分 | |
| 实训总结 | | 完成本次工作任务的体会（学到哪些知识，掌握哪些技能，有哪些收获）： | | | |
| 得分 | | | | | |

## 工作小结

项目三 装载机找平作业的操作技巧

**任务描述**

图2-3-1 装载机找平作业

找平作业又叫整平作业，在一块准备找平的地块上，先目测地面两端的高低度，然后从地面高的一端找准"高程点"（基准点），向低洼的一端依次找平，最后把高出"高程点"的土挖走，填在低洼的地方，完成地块找平作业。装载机找平作业如图2-3-1所示。

在进行找平作业前，让我们先来了解下装载机的系统组成吧！

**知识储备 装载机的系统组成**

**1. 动力系统**

装载机动力系统的核心一般为柴油发动机，动力系统是一种能将在气缸内燃烧的柴油所产生的热能转变为机械能的动力装置，如图2-3-2所示。由于柴油机具有经济性良好、

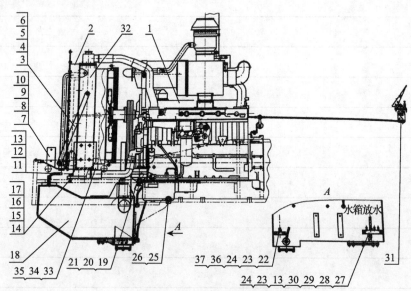

图2-3-2 装载机动力系统

1—发动机总成；2—导风罩总成；3—水箱拉杆；4、8、15、19、23—螺栓；5、6、9、10、16、17、20、24、37—垫圈；7—封板合作；11—管夹；12—胶管；13—双钢丝喉箍；14—橡胶垫；18—燃油箱；21—螺母；22、27、30、33—接头；25、29—胶管；26—喉箍；28—1/4球阀；31—加速操纵；32—水箱总成；34、35—胶管总成；36—螺塞

有效功率高、功率范围广、启动方便、加速性能好、转速和负荷调节范围较宽、可靠性高、寿命长、维修方便等优点，因此广泛应用于工程机械中，其中四冲程水冷六缸往复活塞式柴油机应用尤为广泛。

2. 传动系统

装载机传动系统主要由液力变矩器，动力换挡变速器，前、后驱动桥，前、后传动轴及万向节等组成，如图2-3-3所示。发动机的飞轮通过弹性连接板与液力变矩器的罩轮相连，罩轮与泵轮通过螺栓连接，泵轮通过液压油将动力经一、二级涡轮传至一、二级输出齿轮，再到达超越离合器与变速箱的太阳轮，然后通过挡位变化经变速箱的输出轴到前、后传动轴，再将动力传到前、后驱动桥的主传动器，经差速器及半轴到驱动桥的轮边减速器，最后驱动车轮前进或者后退。

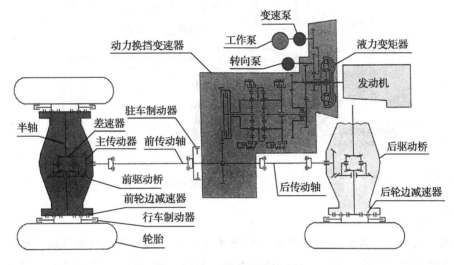

图2-3-3 装载机传动系统

3. 车架

车架是装载机的支承基体，装载机上所有零部件都直接或间接地装在车架上，使整台装载机形成一个整体，如图2-3-4所示。车架分为前车架、后车架和副车架。

图2-3-4 装载机车架

## 4. 转向系统

转向系统主要由转向盘、转向柱、转向器、转向油泵、转向油缸、油管、优先阀等组成，如图2-3-5所示。它用来控制装载机的行驶方向，能使装载机稳定地保持直线行驶。

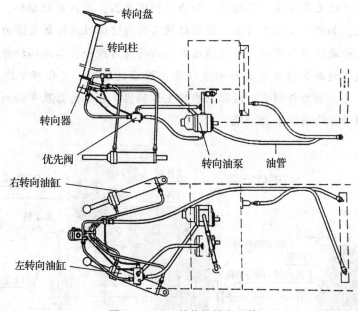

图2-3-5 装载机转向系统

## 5. 制动系统

装载机制动系统用于行驶时使装载机降速或停止，以及在平地或坡道上较长时间停车。装载机制动系统分为两部分：一部分是行车制动，另一部分是驻车制动。装载机制动系统如图2-3-6所示。

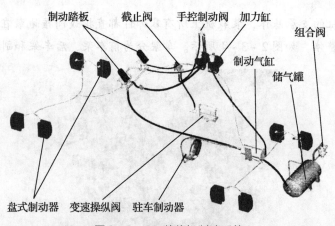

图2-3-6 装载机制动系统

#### 6. 电气系统

电气系统的主要功用是启动柴油机以及完成照明、信号指示、仪表检测等工作。电气系统包括蓄电池、启动电动机、发电机、调节器等，主要有电源启动部分、照明信号部分、仪表检测部分、电子监控部分和辅助部分，如图2-3-7所示。

电气系统各部分的组成关系为：蓄电池给启动电动机供电，启动电动机的直流电动机产生动力，经传动机构带动发动机曲轴转动，从而实现发动机的启动；通过带传动，带动发电机发电，给所有用电设备供给电能，并给蓄电池充电；调节器控制发电机输出稳定的电压。

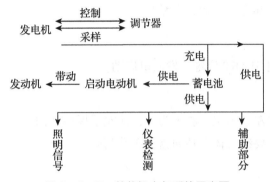

图2-3-7 装载机电气系统示意图

#### 7. 工作液压系统

工作液压系统用于控制工作装置中动臂和转斗以及其他附加工作装置动作，如图2-3-8所示。工作液压系统油路主要分为先导控制油路和主工作油路两部分。主工作油路的动作由先导控制油路进行控制，从而实现小流量、低压力控制大流量、高压力。

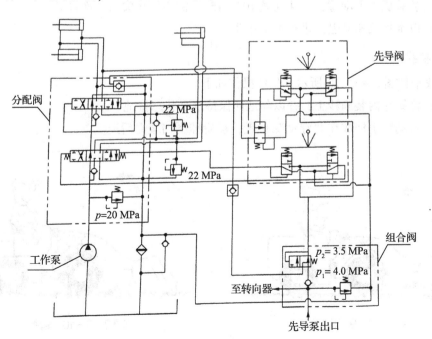

图2-3-8 装载机工作液压系统

**任务实施**

让我们按下面的步骤进行本项目的实施操作吧！

## 步骤一 启动安全检查

**1. 安全检查**

在装载机启动前，根据设备安全使用前检查表（表2-3-1）上的内容检查各事项是否符合安全操作流程，并在方框内打"√"。

**2. 启动装载机**

启动开关钥匙转到 START 位置，发动机启动。

**3. 起步、行驶**

操纵转向盘，应以左手为主，右手为辅，或左手握住转向盘手柄操作。双手操纵转向盘用力要均衡、自然，要细心体会转向盘的游动间隙。

## 步骤二 找平作业

找平分为粗找平和精找平。

**1. 粗找平**

粗找平如图2-3-9所示，具体操作如下。

（1）装载机放下动臂，铲斗前倾10°~15°，铲斗的斗尖与地面接触。

（2）以倒挡低速后退，进行平整作业。

**2. 精找平**

精找平如图2-3-10所示，具体操作如下。

（1）将铲斗内装满沙土，并以与地面保持水平状态接地。

（2）将动臂手柄放在"浮动"位置，然后挂倒挡缓慢后退。

图2-3-9 粗找平

图2-3-10 精找平

设备名称：装载机　　设备编号：　　　　承包商：　　　　年＿＿月＿＿

表2-3-1　设备安全使用前检查表

| 序号 | 检查内容 | 检查结果 1 | 2 | 3 | 4 | 5 | 6 | 7 | 8 | 9 | 10 | 11 | 12 | 13 | 14 | 15 | 16 | 17 | 18 | 19 | 20 | 21 | 22 | 23 | 24 | 25 | 26 | 27 | 28 | 29 | 30 | 31 |
|---|---|---|---|---|---|---|---|---|---|---|---|---|---|---|---|---|---|---|---|---|---|---|---|---|---|---|---|---|---|---|---|---|---|
| 1 | 检查轮胎气压是否正常，轮胎是否裂损、花纹内是否有异物卡滞 | | | | | | | | | | | | | | | | | | | | | | | | | | | | | | | | |
| 2 | 检查刹车助力泵总成油面、动力机油面、变速箱油位、液压油箱油位是否正常，是否有漏油现象 | | | | | | | | | | | | | | | | | | | | | | | | | | | | | | | | |
| 3 | 检查风扇皮带松紧度是否适宜 | | | | | | | | | | | | | | | | | | | | | | | | | | | | | | | | |
| 4 | 检查散热器是否被灰尘堵塞，散热风扇侧是否有灰尘、油污是否影响发动机散热 | | | | | | | | | | | | | | | | | | | | | | | | | | | | | | | | |
| 5 | 检查车身内外，底盘是否整洁无黏结物，后视镜角度是否适宜，雨刮器是否完好，所有玻璃是否完整无破损，视野良好 | | | | | | | | | | | | | | | | | | | | | | | | | | | | | | | | |
| 6 | 检查各工作灯、指示灯是否正常发亮；检查喇叭是否正常；各种电器设备是否正常 | | | | | | | | | | | | | | | | | | | | | | | | | | | | | | | | |
| 7 | 检查各铰接及磨损销轴是否有油脂；启动车后，检查起升工作装置各销轴是否有异响 | | | | | | | | | | | | | | | | | | | | | | | | | | | | | | | | |
| 8 | 检查各前进、后退挡是否灵活正常；上车扳动挡杆是否有发卡现象 | | | | | | | | | | | | | | | | | | | | | | | | | | | | | | | | |
| 9 | 检查液压工作装置是否正常，上车先导阀有无发卡现象 | | | | | | | | | | | | | | | | | | | | | | | | | | | | | | | | |
| 10 | 检查电瓶接头是否松动，电瓶液位是否正常 | | | | | | | | | | | | | | | | | | | | | | | | | | | | | | | | |
| 11 | 手刹：起步前需放下，停车需拉起 | | | | | | | | | | | | | | | | | | | | | | | | | | | | | | | | |
| 12 | 前、后转动轴：检查螺丝是否松动，轴承是否完好 | | | | | | | | | | | | | | | | | | | | | | | | | | | | | | | | |
| 13 | 检查灭火器是否正常 | | | | | | | | | | | | | | | | | | | | | | | | | | | | | | | | |

不合格项必须整改合格后方可使用！

使用人签名 →

设备管理人员审核签名 →

检查结果：√表示合格，×表示不合格。此表仅限每天开工前的设备检查，不能替代定期的专业检查，维护保养工作。此检查表单须随车摆放。

推软地面时（如刚铺的小石子），平铲慢慢推着往前走；如果是砂石料之类的硬料，就要把铲子稍往下压一些，但要让动臂刚刚贴到地面且不要有往下的压力。如果遇到凸起，可以稍压下动臂，刚铺完的料如果不要求纯平可以用压铲的方式往回拖，遇到较大的凸起可以压下大铲；反之就以动臂刚搭上地面，用动臂的浮动动作为佳，找平作业时车速一定要慢，否则会出现反效果。

### 注意事项

（1）整地作业务必使车辆后退进行。在不得已进行行进中整地作业的情况下，要保持铲斗的前倾角为0°~10°。

（2）作业时，发动机水温不应超过90℃，变矩油温不应超过110℃，制动气压不得低于0.44 MPa，否则应立即停止作业，查明原因。

### 过程考核评价

| 项目三　装载机找平作业的操作技巧 | | | | | |
|---|---|---|---|---|---|
| 学员姓名 | | 学号 | 班级 | | 日期 |
| 项目 | 考核项目 | 考核要求 | 配分 | 评分标准 | 得分 |
| 知识目标 | 装载机安全操作要求 | 能清晰描述装载机操作安全注意事项及安全标识表示的含义 | 20 | 装载机操作安全注意事项描述不清楚，扣10分；每认错一项安全标识，扣2分 | |
| 知识目标 | 装载机找平操作步骤 | 能准确描述找平操作步骤 | 15 | 找平操作步骤叙述不清楚，扣15分 | |
| 能力目标 | 找平操作 | 能使用装载机进行粗找平操作 | 20 | 不能正确使用装载机进行粗找平作业，扣20分 | |
| 能力目标 | 找平操作 | 能使用装载机进行精找平操作 | 20 | 不能正确使用装载机进行精找平作业，扣20分 | |
| 方法及社会能力 | 过程方法 | （1）学会自主发现、自主探索的学习方法；（2）学会在学习中反思、总结，调整自己的学习目标，在更高水平上获得发展 | 15 | 能在工作中反思，有创新见解，自主发现、自主探索的学习方法，酌情得5~15分 | |
| 方法及社会能力 | 社会能力 | 小组成员间团结协作共同完成工作任务，养成良好的职业素养（如工作服穿戴整齐、保持工位卫生等） | 10 | （1）工作服穿戴不全，扣5分；（2）工位卫生情况差，扣5分 | |

（续）

| 实训总结 | 完成本次工作任务的体会（学到哪些知识，掌握哪些技能，有哪些收获）： |
|---|---|
| 得分 | |

## 工作小结

项目四 装载机的日常检查与维护

 | 任务描述 |

图2-4-1 装载机维护与保养

在装载机的使用和保管过程中，由于机件磨损、自然腐蚀和老化等原因，其技术性能将逐渐变差。因此，必须及时进行保养和修理。装载机保养的目的是恢复装载机的正常技术状态，使其保持良好的使用性能和可靠性，延长使用寿命；减少油料和器材消耗；防止发生事故，保证行驶和作业安全，提高经济效益和社会效益。装载机维护与保养如图2-4-1所示。

 | 任务实施 |

让我们按下面的步骤进行本项目的实施操作吧！

知识链接 装载机保养的主要内容

装载机保养的主要内容见表2-4-1。

表2-4-1 装载机保养的主要内容

| 项目 | 内容 | 要求 |
|---|---|---|
| 清洁 | 清洁工作是提高保养质量、减轻机件磨损和降低油、材料消耗的基础，并为检查、紧固、调整和润滑做好准备 | 车容整洁、发动机及各总成、部件和随车工具无污垢，各滤清器工作正常，液压油、机油无污染，各管路畅通无阻 |
| 检查 | 检查是通过检视、测量、试验和其他方法，来确定各总成、部件技术性能是否正常，工件是否可靠，机件有无变异和损坏，为正确使用、保管和维修提供可靠依据 | 发动机和各总成、部件状态正常。机件齐全可靠，各连接紧固件完好 |
| 紧固 | 装载机在运行工作中由于颠簸、振动、机件热胀冷缩等原因，各紧固件的紧固程度会发生变化，甚至松动、损坏和丢失，因此定期的紧固工作非常重要 | 各紧固件必须齐全无损坏，安装牢靠，紧固程度符合要求 |
| 调整 | 调整工作是恢复装载机良好技术性能和确保正常配合间隙的重要工作。调整工作的好坏直接影响装载机的经济性和可靠性。所以，调整工作必须根据实际情况及时进行 | 熟悉各部件调整的技术要求，按照调整的方法、步骤，认真细致地进行调整 |

（续）

| 项目 | 内容 | 要求 |
|---|---|---|
| 润滑 | 润滑工作是延长装载机使用寿命的重要工作，主要包括发动机、齿轮箱、液压油缸、制动油缸，以及传动部件关节等 | 按照不同地区和季节，正确选择润滑剂品种，加注的油品和工具应清洁，加油口和油嘴应擦拭干净，加注量应符合要求 |

## 步骤一　装载机维护保养周期

装载机的维护保养，是预防性的保养，是最容易、最经济的保养，是延长装载机的使用寿命和降低成本的关键。对装载机而言，维护保养一般分为台时或台班（每天）保养和定期保养。定期保养一般分为每 50 h 保养、每 100 h 保养、每 250 h 保养、每 500 h 保养、每 1 000 h 保养和每 2 000 h 保养。由于每个时间段内所保养的内容、范围、要求都不一样，所以维护保养是一种强制性的工作，必须按时进行，这样才能起到维护的目的。

1．每天保养

（1）绕机检查有无异常、漏油。

（2）检查发动机机油油位。

（3）检查液压油箱油位。

（4）检查灯光及仪表。

（5）检查轮胎气压及损坏情况。

（6）向传动轴压注黄油及各种润滑油。

2．每 50 h（或一周）保养

（1）紧固前后传动轴连接螺栓。

（2）检查变速箱油位。

（3）检查制动加力器油位。

（4）检查紧急及停车制动，如不合适则进行调整。

（5）检查轮胎气压及损坏情况。

（6）向前后车架铰接点、后桥摆动架、中间支承及其他轴承压注黄油。

3．每 100 h（或半个月）保养

（1）清扫发动机缸头及弯矩器油冷却器。

（2）检查蓄电池液位，在接头处涂一层薄薄的凡士林或黄油。

（3）检查液压油箱油位。

4．每 250 h（或一个月）保养

（1）检查轮辋固定螺栓并拧紧。

（2）检查前后桥油位。

（3）检查工作装置、前后车架各受力焊缝及固定螺栓是否有裂纹及松动。

（4）更换发动机机油（根据不同的质量及发动机使用情况而定）。

（5）检查发动机风扇皮带、压缩机及发电机皮带松紧及损坏情况。

（6）检查调整脚制动及紧急停车制动。

5. 每 500 h（或三个月）保养

（1）紧固前后桥与车架连接螺栓。

（2）必须更换发动机机油，更换机油滤芯。

（3）检查发动机气门间隙。

（4）清洗柴油箱及吸油滤网。

6. 每 1 000 h（或半年）保养

（1）更换变速箱油，清洗滤油器及油底壳，更换或清洗透气盖里的铜丝。

（2）更换发动机的柴油滤清器。

（3）检测各种温度表、压力表。

（4）检查发动机进排气管的紧固情况。

（5）检查发动机的运转情况。

（6）更换液压油箱的回油滤芯。

## 步骤二　装载机维护保养方法

1. 发动机冷却液保养方法

1）冷却液液位检查方法

（1）必须等到发动机冷却液的温度降到 50 ℃ 以下，再慢慢拧开水散热器加水口盖（图 2 - 4 - 2），释放压力，以免被高温蒸气或喷洒出的高温冷却液烫伤。

图 2 - 4 - 2　水散热器加水口

（2）检查冷却液液位是否位于加水口下 1 cm 范围内，必要时补充冷却液。

（3）检查水散热器加水口盖是否密封完好，如果损坏则应更换。

（4）拧好水散热器加水口盖。

（5）如果每天都要补充冷却液，则要检查发动机冷却系统是否有泄漏情况。如果存在泄漏情况，则应及时采取措施，并补充防冻液至相应的液位。

2）添加冷却液

（1）必须事先按选定的冷却液的外包装上的使用说明，将水和冷却液按合理的配比完全混合。由于冷却液对发动机的吸热能力不如水，在与水完全混合前先将冷却液注入发动机，会造成发动机过热。

（2）接通电源负极开关；将钥匙插入启动开关并顺时针转到Ⅰ挡，接通整车电源；将空调系统的转换开关扳到暖风挡。

（3）将发动机的进水管上的手动阀门转到接通位置（在接通位置时，阀门手柄与管路走向一致），如图2-4-3所示。

图2-4-3　接通空调系统的暖水阀

（4）打开水散热器加水口盖，将冷却液缓慢加入，直至液面到达水散热器加水口下1 cm范围内，并且10 min内保持稳定为止。

（5）保持水散热器加水口盖打开，启动发动机，先在低怠速下运转5 min，再在高怠速下运转5 min，并且使冷却液温度达到85 ℃以上。

（6）再次检查冷却液液位，如有必要，继续补充冷却液直至液面到达水散热器加水口下1 cm范围内。

（7）检查水散热器加水口盖是否密封完好，如果有损坏请更换。

**｜注意事项｜**

（1）切勿单独用水作冷却液。腐蚀引起的损坏是单独用水作冷却液的结果。

（2）在注入冷却液时，必须把空气从发动机冷却系统管道中排出。

（3）不要向高温的发动机补充冷的冷却液，否则可能会导致发动机机体损坏。应等到发动机温度低于50 ℃后，再补充冷却液。

2. 发动机机油的保养方法

正常油位应在油位尺的"L"刻度和"H"刻度之间。如果油位在"L"刻度之下，请补充机油；如果油位在"H"刻度之上，请拧松机油盘底部的放油螺塞，放出部分机油，如图2-4-4和图2-4-5所示。

图2-4-4　机油油位尺　　　　　　　　图2-4-5　机油加油口

3. 变速箱的保养方法

1）检查变速箱油位

变速箱加油口位于后车架左侧，应按规定周期检查变速箱油位。检查油位的油尺安装在加油管内。变速箱加油口位置如图2-4-6所示。

图2-4-6　变速箱加油口

2）更换变速箱油

变速箱内油液一方面作为变速箱液压系统的工作介质，另一方面还用于变速箱中零部件的冷却与润滑。因此变速箱用油的牌号应符合要求，并按规定的换油周期更换变速箱油，否则会缩短变速箱的使用寿命。

更换变速箱油的操作步骤如下。

（1）将机器停放在平坦的场地上，变速操纵手柄置于空挡位置，拉起停车制动阀按钮，装上车架固定保险杠，以防止机器移动和转动。

（2）启动发动机并在怠速下运转，在变速箱油温达到工作温度（80～90 ℃）时，发动机熄火。

（3）拧开变速箱下部后侧的放油螺塞进行排油，并用容器盛接。由于此时变速箱油温度仍较高，因此要穿戴好防护用具，并小心操作，以免造成人身损害。

（4）拧开变矩器油散热器下方的放油螺塞进行放油并用容器盛接，然后拧开变矩器油散热器上方的放气螺塞加快放油速度。

（5）更换变速箱油和精滤器。

（6）拆下变速箱后部右侧的吸油管，即可取出粗滤器。用干净的压缩空气或柴油进行清洗并晾干。

（7）用磁铁清理干净放油螺塞上附着的铁屑，并将磁铁从粗滤器安装口伸进变速箱油盘内，清理内壁的铁屑。

（8）安装好变速箱粗滤器、吸油管、放油螺塞和变矩器油散热器下方的放油螺塞及相应的密封件。

（9）拧开变矩器油散热器上方的加油螺塞，从变矩器油散热器加油口加入干净的变速箱油，在变速箱油充满散热器后，拧上放气螺塞和加油螺塞。

（10）取出变速箱油位尺，从变速箱加油管加入干净的变速箱油，直至油位到达油位尺刻度"HOT"热油位区以上。

（11）启动发动机，并在怠速下运转，同时反复检查油位和补充变速箱油，直到油位到达油位尺刻度"COLD"冷油位区以上。在此过程中，变速箱有可能会发出轻微的异响，这是由于变速箱油不足，在添加油到规定的油位后，异响会消失。

（12）在变速箱油位达到工作温度时（80～90 ℃），再次检查油位，油位应该在油位尺刻度"HOT"热油位区，如果油不足，请加油；如果油过量，请放掉部分油。

（13）插入油尺，并沿顺时针方向拧紧。

4. 液压系统的保养方法

1）检查液压油液位

液压油箱位于驾驶室右侧，在液压油箱前端有指示液压油油位的液位计，如图2-4-7所示。检查液压油液位时，应把机器停放在平坦的场地上，把铲斗平放在地面，前后车架对直、无夹角，此时液压油油位应达到液位计的2/3刻度处。

2）更换液压油

（1）将铲斗中的杂物清除干净，将机器停放在平坦空旷的场地上，变速操纵手柄置于空挡位置，拉起停车制动阀按钮，装上车架固定保险杠。启动发动机

图2-4-7　液压油液位计

并在怠速下运转10 min，其间反复多次进行提升动臂、下降动臂、前倾铲斗和后倾铲斗等

动作。

（2）将动臂举升到最高位置，将铲斗后倾到最大位置，发动机熄火。

（3）将先导操纵阀的铲斗操纵手柄往前推，使铲斗在自重作用下往前翻，排出转斗油缸中的油液；在铲斗转到位后，将先导阀动臂操纵杆往前推，动臂在自重作用下往下降，排出动臂油缸中的油液。

（4）将先导油切断电磁阀开关拨到"OFF"位置。

（5）清理液压油箱下面的放油口，拧开放油螺塞，排出液压油，并用容器盛接。同时，拧开加油口盖，加快排油速度，如图2-4-8所示。

（6）拆开液压油散热器的进油管，排干净散热器内残留的液压油，如图2-4-9所示。

图2-4-8　液压油箱放油口　　　　　图2-4-9　液压油散热器进油管

（7）从液压油箱上拆下液压油回油过滤器顶盖，取出回油滤芯，更换新滤芯。打开加油口盖，取出加油滤网并清洗，如图2-4-10所示。

（8）拆下加油口下方的油箱清洗口法兰盖，用柴油冲洗液压油箱底部及四壁，再用干净的布擦干，如图2-4-11所示。

图2-4-10　回油过滤器顶盖　　　　　图2-4-11　液压油箱清洗口

（9）将液压油箱的放油螺塞、回油过滤器及顶盖、加油滤网、油箱清洗口法兰盖、液压油散热器的进油管安装好。

（10）拆下液压油散热器上部的回油管，从液压油散热器回油口加入干净的液压油。加满后，装好液压油散热器回油管。

（11）从液压油箱的加油口加入干净的液压油，使油位达到液压油油位计的上刻度，拧好加油盖。

（12）拆除车架固定保险杠，启动发动机。操作先导阀操纵手柄，进行 2～3 次升降动臂和前倾、后倾铲斗以及左右转向到最大角度的动作，使液压油充满油缸、油管。然后在怠速下运行发动机 5 min，以便排出系统中的空气。

（13）发动机熄火，打开液压油箱加油盖，添加干净液压油至液压油箱液位计的 2/3 刻度。

 **过程考核评价**

| 项目四　装载机的日常检查与维护 | | | | | |
|---|---|---|---|---|---|
| 学员姓名 | | 学号 | | 班级 | | 日期 | |

| 项目 | 考核项目 | 考核要求 | 配分 | 评分标准 | 得分 |
|---|---|---|---|---|---|
| 知识目标 | 装载机安全操作要求 | 能清晰描述装载机操作安全注意事项及安全标识表示的含义 | 20 | 装载机操作安全注意事项描述不清楚，扣 10 分；每认错一项安全标识，扣 2 分 | |
| | 装载机检查维护 | 能准确描述维护检查内容 | 10 | 维护检查内容叙述不清楚，扣 10 分 | |
| 能力目标 | 维护与保养 | 能进行发动机油路系统检查 | 15 | 不能正确进行发动机油路系统检查，扣 15 分 | |
| | | 能进行发动机冷却系统检查 | 10 | 不能正确进行发动机冷却系统检查，扣 10 分 | |
| | | 能进行发动机液压系统检查 | 15 | 不能正确进行发动机液压系统检查，扣 15 分 | |
| | | 能进行发动机传动系统检查 | 10 | 不能正确进行发动机传动系统检查，扣 10 分 | |
| 方法及社会能力 | 过程方法 | （1）学会自主发现、自主探索的学习方法；（2）学会在学习中反思、总结，调整自己的学习目标，在更高水平上获得发展 | 10 | 能在工作中反思，有创新见解，有自主发现、自主探索的学习方法，酌情得 5～10 分 | |

（续）

| 项目 | 考核项目 | 考核要求 | 配分 | 评分标准 | 得分 |
|---|---|---|---|---|---|
| 方法及社会能力 | 社会能力 | 小组成员间团结协作共同完成工作任务，养成良好的职业素养（如工作服穿戴整齐、保持工位卫生等） | 10 | （1）工作服穿戴不全，扣5分；<br>（2）工位卫生情况差，扣5分 | |
| | 实训总结 | 完成本次工作任务的体会（学到哪些知识，掌握哪些技能，有哪些收获）： | | | |
| | 得分 | | | | |

**工作小结**

_____

_____

_____

_____

_____

_____

_____

_____

_____